组件化建模仿真平台设计研究

杜国红 主编

南京大学出版社

编写人员名单

主　编： 杜国红

副主编： 李路遥　顾　亚　沈　昆　黄钢强

撰稿人： 杜国红　李路遥　顾　亚　沈　昆　邓　昭　王三喜　郑慧娟　黄钢强　纵　强

前　言

建模仿真作为联系理论研究与实践研究的桥梁和纽带，在概念创新、方案论证、能力评估等领域发挥着日益重要的作用。模型是建模仿真的核心，是对仿真要素及其组织关系的高级抽象，对其进行建模的质量与科学管理已成为当前建模仿真领域研究的核心课题之一。仿真模型的构建需要经过概念建模、数学建模和程序建模三个关键环节，经过三十多年的仿真建模实践，在概念建模和数学建模方面的研究已逐步形成体系，形成了系列化的理论和实践研究成果。然而，在程序建模方面，尤其是与仿真应用紧密结合的工程化设计和平台建设方面的研究还相对比较匮乏。截至目前，程序建模方法先后出现了面向过程建模、面向对象建模和组件化建模三种方法，其中，组件化建模方法由于在构建规范化程度高、可重用性强的模型方面具有独到的技术优势，近几年来呈现出蓬勃的发展势头。本书结合作者们多年设计和开发仿真系统的实践经验，针对军事仿真实际应用需求，在分析总结组件化建模方法的基本原理、建模流程的基础上，系统地介绍组件化建模仿真平台的工程化设计和开发方法。

全书内容包括三个逻辑部分：一是组件化建模方法和组件化建模仿真平台相关理论；二是组件化建模仿真平台架构和仿真平台组成系统设计方法；三是组件化建模仿真平台开发相关内容。全书在组织结构上共分七章，由杜国红负责整体设计和统筹。

第一章介绍了组件化建模方法的基本原理、建模流程以及组件化建模仿真平台相关概念、平台设计核心技术，并对建模仿真平台在仿真实践中发挥的作用和意义进行了论述。

第二章从平台架构设计出发，借鉴吸收柔性软件架构具有的组合灵活性、边界可延伸性和配置可替换性的特点，采用“平台＋插件”技术对组件化建模仿真平台架构进行了系统设计，并对平台信息流程和控制流程的设计进行了全面阐述。

第三章介绍了平台的核心组成实体系统的设计。采用组件化建模方法对仿真实体结构、实体管理机制以及实体交互机制进行了详细设计，使读者对采用组件化建模理论进行仿真实体设计的具体方法和步骤有一个全面、清晰的认识和把握。

第四章介绍了与军事行动影响关系最为密切的自然环境的设计，主要介绍自然环境要素，如地形、气候、气象等环境要素设计以及对军事行动影响的设计方法。

第五章主要介绍非结构化数据以及结构化数据的管理策略和访问策略，本章研究内容是组件化建模仿真平台底层数据资源管理和访问的核心。

第六章围绕组件化建模仿真平台辅助工具系统的设计，介绍了事件驱动工具、日志管理工具、序列化工具以及实体运行时类型识别工具等辅助工具的设计方法。

第七章主要从工程实践的角度介绍在进行组件化建模仿真平台开发时，平台项目组织、插件开发、平台运行状况监控和维护以及平台版本管理的具体方法，为读者提供具有实践指导意义的组件化建模仿真平台的开发方法。

本书是作者在多年的建模仿真理论研究和科研项目实践基础上整理、总结和提炼而形成的，同时也参阅了大量的中外文献。在萌生著书想法以及撰写过程中，得到了许多领导、专家和同事的启发、指导和帮助，在此一并表示衷心感谢。首先要感谢把我带入作战仿真这一充满挑战和未知的研究领域的教员们，正是他们勇于探索、敢于实践的钻研精神才不断促使我更深入地学习新理论、了解新技术。感谢一起参加全国大学生数学建模竞赛的战友们，让我学会从全局的视角，以严谨科学的态度来分析和研究事物。其次要感谢作战实验室全体同事们，在这里我得以站在更高的视点来审视和领会作战仿真的内涵。感谢开源工程 Delta3D、OGRE、Boost 的设计者们以及参阅的文献作者们，让我有了可以依靠的肩膀。感谢学院科研处和出版社的各级领导在本书出版过程中给予的资助。最后，我还要感谢我的父母和妻子，感谢他们对我始终如一的关心和支持，让我可以心无旁骛地从事研究工作。感谢所有支持和帮助过我的同仁们。

本书在注重系统性、先进性和实用性的同时，力图让读者能从软件工程的角度掌握利用现代软件技术进行组件化建模仿真平台设计的方法。由于时间仓促，加之水平有限，书中难免有不足和不妥之处，敬请批评指正。

杜国红

二〇二〇年一月于南京

目　录

第一章　绪　论

在人们探索仿真模型设计和开发的科研实践过程中，伴随着计算机软件设计理论与技术的推动，建模仿真平台的萌芽逐渐产生。建模仿真平台是采用软件工程的设计思想，将建模仿真理论的抽象性与软件开发实践的具体性相结合，用于快速构建规范化仿真模型的一组工具集。准确理解建模仿真的基本内涵，把握先进的建模方法理论和软件设计技术，是深入研究建模仿真平台设计的基础。

一、组件化建模仿真平台相关基本概念

基本概念的内涵与外延界定了一个领域研究的内容和范畴，而概念的区分则有利于我们把握研究方向、准确地选择研究方法、正确地解决领域问题。

（一）军事仿真建模

建模是探索和研究客观世界中事物本质和规律的一种重要手段。建模依据相似性原理，通过对研究的事物进行特征、功能、逻辑、过程等方面的抽象，从而达成对事物本质和规律的认识。

《现代汉语词典》对“建模”的定义是:“为了研究某种现实或事物而建立相应的模型。”

《军用建模与仿真通用术语汇编》对“建模”的定义是:“对一个系统、实体、现象和过程的物理的、数学的或其他合乎逻辑的表现的描述过程。”

《作战建模与仿真》对“建模”的定义是:“建模就是针对一定的应用目的,对原型的相关特征进行抽象提取,建立原型的模仿物,以一定的方法在这个模仿物中反映这些特征的过程。”

美国国防部在建模与仿真主计划(Modeling and Simulation Master Plan,MSMP)中,对“建模”的定义是:“建模即建立模型,是指建立系统的一种表达。”

从以上定义可以看出,所有对“建模”的定义均具有一个共性的认识,即建模就是建立模型,就是为了理解事物而对事物做出的一种抽象,是对事物的一种无歧义的书面描述。实际上,建模的本质反映的是人类认识客观世界的一个基本过程,即建立客观世界到人类的逻辑思维认识再到模型的映射的过程。在建立所研究对象的模型之前,需要对研究的对象进行充分的分析,确定研究的范畴、内容等,这是对客观世界的第一次抽象,而从人们的逻辑思维认识到模型的映射则是对客观世界的再抽象。

从以上分析不难得出建模的基本内涵:“建模就是按照一定的目的,对所要研究的事物特征进行提取、描述的过程,是利用模型代替事物原型的抽象化过程。”建模的实质是建立“现实世界—思维世界—模型世界”的映射的抽象过程。

而所谓军事仿真建模,就是“依据某种军事目的,如训练人员、评估方案及模拟作战等,对战场环境、作战力量、作战规则、作战过程、作战行动等相关因素进行的抽象化过程”。

从上述对军事仿真建模内涵的表述可以看出,军事仿真建模是以战场环境、作战力量、作战规则、作战过程、作战行动等要素为研究对象,用于揭示和反映军事行动参与方兵力兵器运用、军事行动规律以及它们之间的物理和信息的联系的过程。由于军事行动本身是一个非常复杂的社会行为，在其发展变化过程中，受到各种各样外在因素和内在因素的影响，战局发展的方向和最终的结果，既有其自身规律作用的必然性，又有诸多不确定性因素作用的偶然性。对于具体的军事行动，受到的影响是方方面面的，概括起来，人为因素、武器装备因素以及战场环境因素是影响军事行动的三个核心因素。同样的武器装备，同样的环境条件，由不同的指挥员指挥，往往会产生不同的结果，这主要取决于指挥员个人意志以及指挥作战的能力与艺术；同样的部队、同样的装备在不同的环境中执行相同的军事任务，部队所表现出来的战斗能力是有所区别的；同时，由于各种因素之间相互交织、相互影响和制约，特别是在信息化战场中，影响的因素更多，影响的效果更加明显，对这些因素进行抽象描述是一个相当复杂和烦琐的过程。可以说，建立军事仿真模型的过程既是一种技术性的活动，也是一种创造性的活动。模型构建的逼真程度关键取决于建模者的知识水平、系统分析能力、对现实系统信息资料的占有程度以及对实际系统理解和分析的深度。与一般的领域建模比较，军事仿真建模的难点主要在于：

(1) 军事行动本质上是一种复杂的社会行为，涉及人和各种武器装备，受编制体制、作战思想以及训练条令条例等多种因素影响，很难以一种严格的数学形式对它进行定义和定量分析，通过系统分析而产生的数学模型常常置信度较低；

(2) 军事行动相关诸要素行为随机复杂，战场环境动态多变，系统结构是一种复杂的巨系统结构，难以从空间和时间上加以分割，难以确定系统的边界和水平；

(3) 对军事行动的观测和实验比较困难，由训练而获得的数据对于系统行为的反映的置信度和可接受性往往低于一般领域系统。

(二) 建模平台

平台一词有着十分广泛的内涵，通常是指一种基础的可用于衍生其他产品的环境，泛指进行某项工作所需要的环境和条件。

在计算机软件领域，平台是指软件产生的环境或软件运行的环境，具体可分为以下四种类型：一是支持软件运行的系统平台，如 Windows、Linux 等操作系统平台；二是基于快速开发目的的技术平台；三是基于业务逻辑复用的业务平台；四是基于系统自维护、自扩展的应用平台。其中，系统平台和应用平台的概念比较易于理解，这里简要说明一下技术平台和业务平台。技术平台是指一套完整的、严密的服务于研制应用软件的产品及相关文件。真正的技术平台应该是选择合适的技术体系和技术架构，充分发挥技术体系及技术架构的优势，能够显著提高应用软件开发速度，指导并规范应用软件分析、设计、编码、测试、部署等各阶段工作，提高代码正确性、可读性、可维护性、可扩展性以及伸缩性等的软件工具。优秀的技术平台还包括一套高效的底层通用的代码，甚至还包括代码生成器、代码安全漏洞检查工具等。业务平台是指快速生成业务逻辑组件，并组织、调度业务逻辑组件应用的软件工具和众多行业经验积累的、成熟的业务组件库。业务平台封装了行业知识积累和行业解决方案，能够最大限度地实现知识的复用。

在仿真建模领域，目前普遍被业界认可的建模过程是，首先进行概念建模，而后进行数学建模，最后是程序建模。本书研究的建模仿真平台主要服务于程序建模，它属于技术平台的范畴，是指支持程序模型快速开发的软件平台。从狭义的角度，也可以将建模仿真平台理解为一组工具集。建模仿真平台架起了逻辑概念与模型程序之间进行映射和转换的桥梁，发挥着承上启下的枢纽作用，如图 1－1 所示。

其中，逻辑概念源于对影响军事行动的核心因素的抽象，建模平台向下要支持对建模要素的规范的、一致的描述，向上要支持各类仿真应用模型程序的快速开发。

（三）插件

插件的概念源于计算机硬件领域，是指一种可插入或拔出插箱、机架、

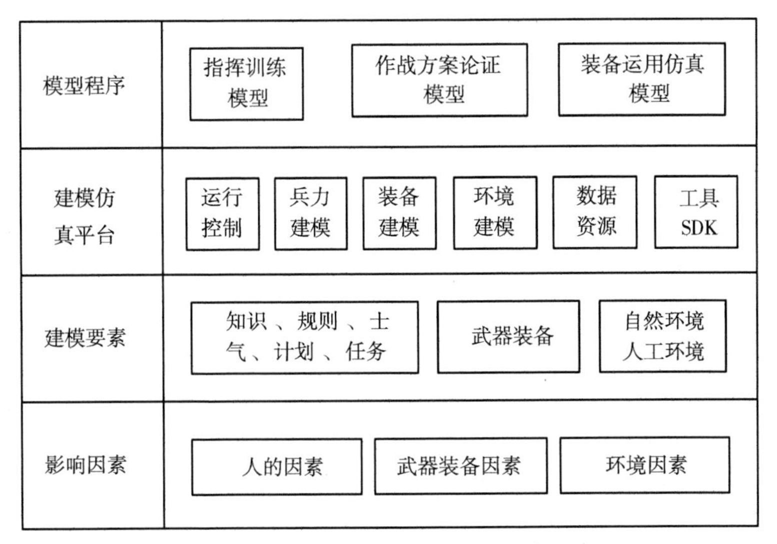

图1-1 建模仿真平台功用示意图

机柜的电子元器件。在计算机软件领域,插件是指一种遵循一定规范的应用程序接口编写出来的软件模块。插件是相对于程序主体即框架而言的,两者采用一种松耦合的方式进行关联,其本质在于不修改框架的情况下对软件功能进行扩展与加强。当插件的接口公布后,任何单位或个人都可以制作自己的插件来解决实际操作上的问题或者增加新的功能特性,实现真正意义上的"即插即用"式的软件开发。

插件技术可以给软件的分析、设计、开发、项目计划、协作生产以及产品扩展等诸多方面带来不可比拟的优势:

(1) 软件结构清晰、易于理解。由于借鉴了硬件总线的结构,而且各个插件之间是相互独立的,所以软件的结构非常清晰,也更容易理解。

(2) 结构灵活易修改、可维护性强。系统功能的增加或减少,只需相应的增删插件,而不影响整个系统的结构,所以结构十分灵活。另外,由于采用了插件结构,在软件的开发过程中可以随时修改插件,也可以在应用程序发行之后,通过补丁包的形式来修改插件,从而方便软件的升级和维护。

(3) 重用力度大、可移植性强。因为插件本身就是由一系列小的功能模块组成,而且通过接口向外部提供服务,所以复用力度更大,移植也更加方便。

(4) 软件耦合度低。由于插件通过与框架通信来实现插件与插件、插件与框架之间的信息交互,所以整个软件的各部分之间的耦合度非常低。

(5) 开发方式灵活多变。可以根据资源的实际情况来调整软件的开发方式,资源若充足则可以开发所有的插件,资源若不足则可以选择开发部分插件,也可以赋予第三方开发。

(四) 模型组件化与组件化建模

在建模领域,模型组件化与组件化建模常常被混为一谈,不加区分。事实上,模型组件化与组件化建模是两个完全不同的概念。

模型组件化是伴随着仿真应用系统规模的不断扩大而提出来的。随着仿真应用深度和广度的不断拓展,模型资源重用以及模型开发标准化的问题日益凸显,并逐渐成为制约仿真系统建设的瓶颈。一方面,由于模型开发的技术体制不同,使得开发的模型通用性差,具有同样功能的模型无法适用于不同的应用需求,在构建新的仿真系统时还需要进行重新开发,造成了人力、物力、财力和时间的极大浪费;另一方面,由于受模型开发水平和技术的制约,许多模型在技术实现上采用的是功能紧耦合的方式,使得模型自身的维护比较困难,特别是在应用需求发生较大调整时,往往需要技术人员在代码层面进行大量的修改工作。

模型组件化通过将模型采用组件的形式进行封装,解决了模型代码重用的问题。应用比较广泛的模型组件化技术是微软公司提出的组件对象模型(Component Object Model,COM)组件技术。COM组件是一个具备独立特定功能的二进制代码段,是一种封装的、即插即用的、可独立重复使用的软件模块,具有非常好的重用性,主要体现在①:

① 张野鹏.作战仿真及其技术发展[M].北京:军事科学出版社,2002.

（1）代码级重用。COM组件程序的编写采用了类的多级继承的方法来设计对象，因此，其源代码中关于类的描述代码可以被高级程序员直接使用或经过较少的改动而使用，这样就实现了代码级别的重用。

（2）接口级重用。用类的观点来看接口，接口也是一个类。当需要使用组件的一个接口时，只要直接从接口类派生出所需要的对象就可以了，所以，COM组件实现了接口级别的重用。接口级别的重用给COM组件以更大的应用前景。

（3）产品级重用。产品级别的重用是二进制重用。开发人员可以产生一个不受语言、工具和开发平台限制的COM组件。它只是一个二进制组件的分布，一般是一个动态链接库文件（以DLL为后缀名的文件）。因为软件开发者可以选择自己最熟悉的语言和工具来完成任务，而不必担心COM组件的用户将使用何种语言和工具来调用COM组件，所以这个程序对于软件开发者来说是一个极大的优点。二进制的重用一方面给了COM语言的独立性，另一方面也允许开发者可以直接使用现有的COM组件实现新的COM组件。

COM组件技术可以为仿真建模提供最有力、最高效的支持。通过将模型分解为一些简单的、小型的COM组件对象模型，再将这些COM组件进行组合来构成模型系统。而当模型需要更新时，只需去掉该COM组件而接上另一个接口定义相同而接口实现不同的COM组件，即可实现对模型的升级、改进。COM组件技术有利于模型开发的标准化及实现模型开发过程中的代码重用，为模型的开发开辟了一条崭新的途径。

组件化建模则是模型设计方法论范畴的内容，是从整体与部分辩证统一的视角来分析和研究建模对象的。它将研究的对象这一整体看作是由诸多的组件组合而成，对象的行为既受内聚的组件制约，同时也为组件功能的发挥提供途径。组件化建模采用的由组件组合来构建对象模型的方法可以极好地适用于各类仿真应用。以军事仿真建模中对武器装备的建模为例，由于武器装备涉及的种类繁多，性能又各式各样，要对所有的武器装备进行统一的、规范化建模，建模方法的选择就显得十分关键。采用组件化建模方法，首先需要依据仿真的目的按照某种原则对各类武器装备进行分解，如进行装备性能仿真则按照构造进行分解，进行装备运用仿真则按照功能进行分解；而后将具有相同特征的组件进行汇总梳理，形成系列化的组件体系；最后再按照分解原则，将各个组件进行反向拼装，形成对具体武器装备的描述。组件化建模所体现的整体是由部分组成的这一哲学思想，较好地实现了对象的拆解和拼装，通过对具有相同特征的组件进行统一描述，可以最大限度地实现组件重用，从而达到模型重用的目的。

综上所述，可以看出，模型组件化侧重的是模型的表现形式，更多的是从程序设计的角度来反映模型的表现方式。而组件化建模则侧重于模型构建的方法，是从模型设计方法论的角度来研究如何构建模型的。

二、组件化建模方法

军事系统是一种非常复杂的动态随机系统，要解决对其建模存在的问题和困难，根本的途径是采取有效的建模方法和理论指导建模活动，使建模过程、建模内容和描述形式标准化和规范化。目前，军事仿真建模领域前沿的建模方法是组件化建模方法。

（一）组件化建模思想

传统军事仿真建模多采用面向对象的建模方法，其基本出发点是尽可能按照人类认识世界的方法和思维方式来分析和解决问题，并以对象为中心综合功能抽象和数据抽象。采用面向对象建模方法进行军事仿真建模的优点是比较接近人类认知，易于理解和实现，存在的不足是容易出现类爆炸以及分类标准易混淆的情况。组件化建模方法则采用全新的视角，以组件为中心进行建模。其核心思想是将研究的对象作为一个容器，按照对象本身固有的功能属性或者承担的任务属性进行拆解，采取分而治之的方法将上述功能属性或任务属性封装为组件，由一系列组件的聚集来描述对象。

容器本身作为组件的载体无实质内容,可理解为一个空壳,对象外部行为通过容器内聚集的组件来体现。组件之间通过共享数据和控制指令的方式实现信息传递,对象容器之间通过消息实现信息交互,如图 1-2 所示。

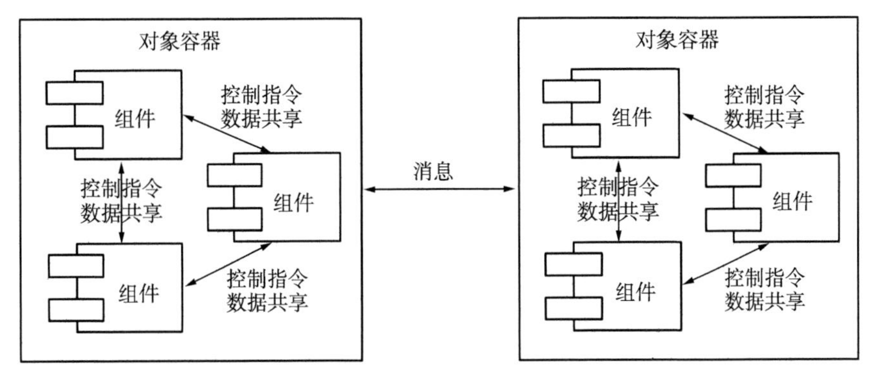

图 1-2 组件化建模原理图

(二) 组件化建模流程

军事仿真组件化建模的基本流程是首先依据军事需求的设计对仿真要素进行梳理,按照研究对象具有的行为特征进行归类,尔后对这些归类后的行为特征进行抽象和分类,确定层级化的组件体系结构,之后依据组件体系结构构建系列化的功能组件。再反过来依据最初的对象行为特征分类原则,将构建的组件进行装配,最终实现对研究对象的组件化建模。概括起来,组件化建模流程包括组件设计、组件开发、组件装配、组件参数化以及对象存储五个环节,其标准建模流程如图 1-3 所示。

其中,组件设计是组件化建模的关键环节,它直接关系着组件的具体分类和描述粒度,从而最终影响所构建的对象模型。组件开发是依据组件体系结构构建描述军事仿真要素的系列功能组件,该步是达成仿真目标的基础,同时也是组件装配的前提。组件装配是依据军事规则将不同的功能组件进行拼装,形成仿真要素的描述模板。组件参数化是将拼装完成的仿真要素进行实例化,完成对同一类型而不同型号的仿真要素的定义。对象存

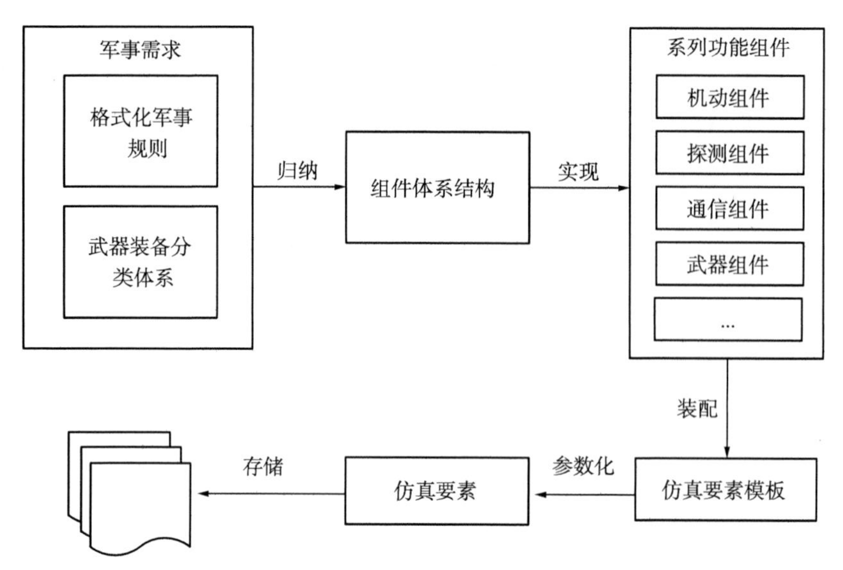

图 1-3 组件化建模标准流程图

储是将参数化的仿真要素配置信息进行科学的管理和存储，通常采用 XML 文件的方式对配置信息进行存储，采用分层方式进行文件管理。

依据上述建模流程，按照军事仿真要素实际功能属性或者任务属性，通过组合各类功能组件或者任务组件，实现军事仿真要素的灵活描述。如图 1-4 所示，坦克是由平台组件、机动组件、传感器组件、武器系统组件以及通信组

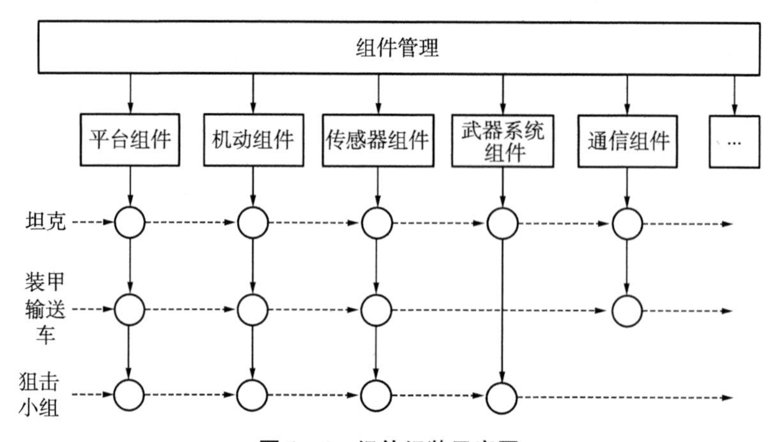

图 1-4 组件组装示意图

件等功能组件组装而成的。装甲输送车与坦克类似，差别在于装甲输送车未组装武器系统组件。狙击小组则由平台组件、机动组件、传感器组件和武器系统组件等功能组件组装而成。

三、组件化建模仿真平台设计相关核心技术

组件化建模仿真平台是用于支持采用组件化建模方法进行程序模型开发的一组工具集，工具集的结构和设计方法决定了平台自身的生命力和适应性。因此，在平台的设计和工程实践过程中，采用现代软件设计和开发技术作为指导就显得十分重要。

（一）柔性软件架构

软件的工业化使得软件复用已经从通用类库进化到了面向领域的软件框架。软件框架强调的是软件的设计重用性和系统的可扩展性，以缩短大型软件系统的开发周期、提高开发质量。软件开发的未来就在于提供一个开放的体系结构，以方便中间功能部件的选择、组装和集成。面对这种发展趋势，呼之欲出的便是一种全新的、开放性的、高扩展性的柔性软件架构。柔性软件架构的“柔性”主要体现为组合灵活性、边界可延伸性和配置可替换性。组合灵活性是指框架支持对软件系统功能部件进行灵活的拼装，具有对系统需求发生变更的柔性应变能力。边界可延伸性是指框架支持对系统功能的扩充，具有对系统需求发生扩展的柔性拓展能力。配置可替换性是指框架支持对系统功能的替换，具有对系统实现发生变化的柔性处理能力。柔性软件架构的上述特征较好地解决了大规模软件开发中遇到的难题，是进行大型软件设计开发时不可或缺的利器。

柔性软件架构作为一种设计理念，是指导软件架构设计的基本准则。在具体的架构设计工程实践中，目前，普遍采用的解决方案是采用“平台＋插件”的方式进行设计。“平台＋插件”软件架构是将一个待开发的目标软

件分为两部分，一部分为软件的主体或主框架，可定义为平台，另一部分为功能扩展或补充模块，可定义为插件。“平台＋插件”软件架构原理如图 1－5 所示。

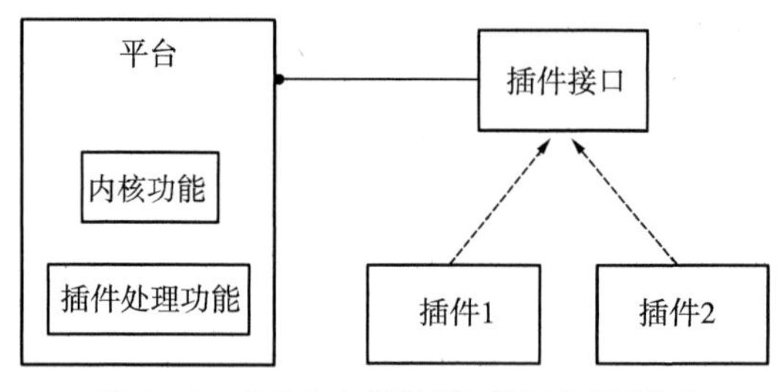

图 1－5 “平台＋插件”软件架构原理图

其中，平台所完成的功能是软件系统的基础和核心，其基本功能分为两个部分：内核功能和插件处理功能。平台的内核功能是整个软件的重要功能，平台的插件处理功能用于扩展平台和管理插件，具体功能包括插件注册、管理和调用等功能。插件注册功能是按照某种机制首先在系统中搜索已安装插件，之后将搜索到的插件注册到平台上，并在平台上生成相应的调用机制。插件管理功能完成插件与平台的协调，为各插件在平台上生成管理信息以及进行插件的状态跟踪。插件调用功能为调用各插件所实现的功能。平台除上述两个基础功能之外，还须为插件操纵平台以及实现平台与插件通信提供标准接口，具体包括两个标准接口：平台扩展接口和插件接口。平台扩展接口实现插件向平台方向的单向通信，插件通过平台扩展接口可获取平台的各种资源和数据。插件接口实现平台向插件方向的单向通信，平台通过插件接口调用插件所实现的功能。插件所完成的功能是对平台功能进行扩展与补充。

在上述架构原理图中，有些甚至将平台的内核功能也采用插件的方式进行设计，平台只保留插件处理功能。采用此种微内核方式进行平台设计的长处在于可进一步增强系统的可扩展性。

采用“平台＋插件”架构进行软件设计的基本步骤是：

（1）确定平台基本功能和插件要完成的扩展功能；

（2）定义平台扩展接口和插件接口；

（3）完成平台设计，主要是平台插件处理功能的设计；

（4）向插件开发者提供平台程序，公布平台扩展接口和插件要实现的接口以及程序开发可能用到的第三方软件开发包 SDK；

（5）插件开发者按要求开发插件，实现插件接口并按照平台程序对插件进行测试；

（6）平台设计者继续完善平台的内核功能，并及时向插件开发者公布新增加的平台扩展接口和插件接口；

（7）实现第 4 个步骤到第 6 个步骤的良性循环，不断优化完善整个软件系统。

基于“平台＋插件”软件架构的优势在于通过把扩展功能从框架中进行剥离，降低了框架的复杂度，让框架更容易实现。同时，扩展功能与框架以一种松散的方式进行耦合，两者在保持接口不变的情况下可以独立变化。这样能够很好地实现软件模块的分工开发，大量吸取他人的优长，同时又可较好地实现代码隐藏，保护知识产权。

（二）设计模式

在设计模式的开山之作《设计模式——可复用面向对象软件的基础》一书中，对设计模式的定义是①：“设计模式针对软件开发中重复出现的设计问题，提出了一个通用的解决方案，并予以系统化的命名和动机解释。它描述了问题、解决方案、在什么条件下使用该解决方案及其效果。它还给出了实现要点和实例。该解决方案是解决对应具体问题的一组精心安排的通用的类和对象，再经定制和实现就可用来解决特定上下文中的问题。”

从上述对设计模式的定义可以看出，设计模式是一个通用的解决方案，

① Erich Gamma，Richard Helm，Ralph John Vissides，等，设计模式——可复用面向对象软件的基础[M].李英军，马晓星，蔡敏等译.北京：机械工业出版社，2007.

可以解决诸多软件开发中遇到的常见问题。理解了解决问题的基本模式，只需要再进行少量定制就可以解决工程中遇到的特定问题。设计模式有助于软件开发者更好、更快地理解程序设计的精髓，设计出高内聚、低耦合、结构良好、灵活健壮的程序。依据模式解决问题的类型，设计模式大体可分为创建型模式、结构型模式和行为型模式等类型。

1. 创建型模式

面向对象软件开发的基础是对象。随着系统的不断演化，系统中将会出现越来越多的对象，如果使用对象创建操作符如C++语言提供的new操作符创建对象，将会使程序中到处都是硬编码的对象创建代码，这种对象创建方式将很难适应系统的变化。创建型模式为解决此类问题提出了通用的对象创建方案，它抽象了类的实例化过程，封装了对象的创建动作，使对象的创建可以独立于系统的其他部分。创建型模式包括抽象工厂、工厂方法、构建者、原型以及单子等模式类型。

2. 结构型模式

结构型模式专注于如何组合类或对象进而形成更大、更有用的新对象。组合对象有两种方式，第一种是程序设计语言本身提供的继承机制，但它在编译期就已经确定了对象的关系，无法在运行时改变，缺乏足够的灵活性。第二种方法是在运行时组合对象，不同的对象之间彼此相互独立，仅通过定义良好的接口通信协同工作，它更灵活和易于模块化，但因为组合方式富有变化而较难以理解。结构型模式包括适配器、桥接、组合、修饰、轻量、代理等模式类型。

3. 行为型模式

行为型模式关注的是程序运行时的对象通信和职责分配，跟踪动态的、复杂的控制流和信息流。通常对象一旦创建，他们就立即联系起来，这种联系是动态的，很难甚至不可能从代码中看出来。行为型模式以可文档化的形式描述对象通信机制，可以帮助我们深入了解对象之间的关系。行为型模式包括解释器、模板、责任链、命令、迭代、观察者、策略等模式类型。

四、组件化建模仿真平台的作用及意义

军事仿真是一个复杂的巨系统，涉及陆军步兵、装甲兵、炮兵、防空兵、陆军航空兵、工程兵、通信兵、防化兵、电子对抗兵、特种部队以及海军、空军、火箭军等多个军兵种，具有要素多、规模大、关系结构复杂等特点。并且，随着武器装备的更新换代以及作战样式的发展变化，使得该系统时刻处于变化之中。对它建模，尤其是构建高质量的模型非常困难。仿真建模在作战概念创新、作战方案论证、作战能力评估等领域发挥着十分重要的作用，构建的模型越逼真、完善、实用、可靠，则越能发挥仿真系统的推动和促进作用，产生巨大的军事和经济效益。因此，借鉴仿真建模领域前沿的组件化建模理论研究成果，采用现代软件设计和开发技术，构建一个完整、规范的建模仿真平台，推进仿真建模的标准化和规范化，已成为现阶段军事仿真建模研究的当务之急。

组件化建模仿真平台的作用及意义在于：

(1) 支持变分辨率建模，满足不同层次、不同规模军事仿真建模的需要。军事仿真模型现已形成平台级仿真模型和聚合级仿真模型两种粒度的模型。平台级仿真模型侧重对武器平台进行描述，依据武器平台的战技术性能进行建模，具有较高的可信度，但由于建模粒度过细，不能有效支持大规模的仿真应用。聚合级仿真模型则侧重于对单位级如营、连、排、组进行描述，依据单位的整体战技术特性进行建模，支持大规模仿真应用，但由于建模粒度过粗，仿真的可信度往往会受到质疑。因此，如何将两种粒度的仿真模型进行统一建模，使其在支持不同规模的仿真应用的同时，能够兼具较高的可信度，是一个迫切的现实需求。组件化建模仿真平台通过组件组合的方式对建模对象进行描述，为不同粒度的功能组件相互兼容和灵活切换提供了途径。

(2) 促进模型重用，满足军事仿真模型资源共享的需要。目前，已开发

和建立的模型标准不统一，通用性差，主要体现在三个方面：一是模型在设计和开发时缺乏统一的标准规范指导；二是模型中数据、知识与逻辑严重耦合；三是模型局限于具体领域的特定需求。组件化建模平台通过对建模对象的共性特征进行组件化描述，同时将组件接口的定义和实现进行分离，为构建可复用的模型组件提供了技术支持。

(3) 提高建模效率，满足军事仿真模型快速开发和集成的需要。由于在模型框架、模型设计、模型管理、模型交互以及模型开发集成等方面缺乏系统研究，在军事仿真建模时，各单位闭门造车、各自为战，研制的仿真模型也未经过有效的校核、验证和确认，不仅影响了模型的交流和交互，同时也造成模型的重复开发，带来了模型资源的极大浪费，且建模过程费时费力，建立和运行成本很高，不易维护、扩展。建模效率低，限制了模型的推广和广泛使用。组件化建模仿真平台通过提供规范化的模型设计、模型管理、模型交互以及模型运行调度机制，为仿真模型的快速开发和集成提供了技术平台。

总体而言，组件化建模仿真平台的作用及意义体现在：推进先进技术向产品转化；加快军事仿真模型的标准化建设，在最大范围内规范军事仿真模型的开发，推动军事仿真领域的资源重用和共享。

第二章　组件化建模仿真平台架构设计

架构设计是组件化建模仿真平台最顶层的设计，是在统一的技术框架指导下，为组件化建模仿真平台的结构、信息流程以及控制流程等内容的设计提供科学合理的技术路线。

平台架构不仅指定了平台的组织结构和逻辑结构，并且显示了平台和构成平台的元素之间的交互关系，提供了设计决策时的基本原理。

一、组件化建模仿真平台结构设计

组件化建模仿真平台结构的设计是对平台功能组成元素的划分和逻辑的组织。组件化建模仿真平台作为一套软件工具集，包括狭义平台和广义平台两方面的内涵。狭义的组件化建模仿真平台包括平台集成框架、模型推进控制、组件模型体系以及模型数据资源管理等部分内容。广义的组件化建模仿真平台除涵盖上述内容外，还包括模型构建工具、通用资源管理、模型资源管理、分析评估资源管理等。在组件化建模仿真平台设计时，应聚焦于仿真要解决的核心问题，把握以下两个原则：一是完整性原则，即平台功能组成元素要完整全面，能够支持组件化模型构建的需要，但又不能滥竽充数，将建模无关的功能纳入平台。二是独立性原则，即平台组成元素的功能要相对独立。在把握上述原则的基础上，对仿真建模对象的抽象是平台组成划分的基础。概括起来，军事仿真建模对象主要包括战场环境、武器装备等物理域要素和作战人员认知域要素。其中，战场环境要素包括地形、地物、水系、气候、气象等自然环境要素和桥梁、工事、障碍、电磁、核生化等人工环境要素。武器装备要素包括各军兵种如陆军装甲兵、炮兵、陆军航空兵、防空兵、通信兵、防化兵、特种兵等装备的具体武器装备。作战人员认知域要素主要是指军事规则、作战原则、政治品质、心理素质、战斗精神、谋略水平、指挥能力和人员士气、技能等，如图 2-1 所示。

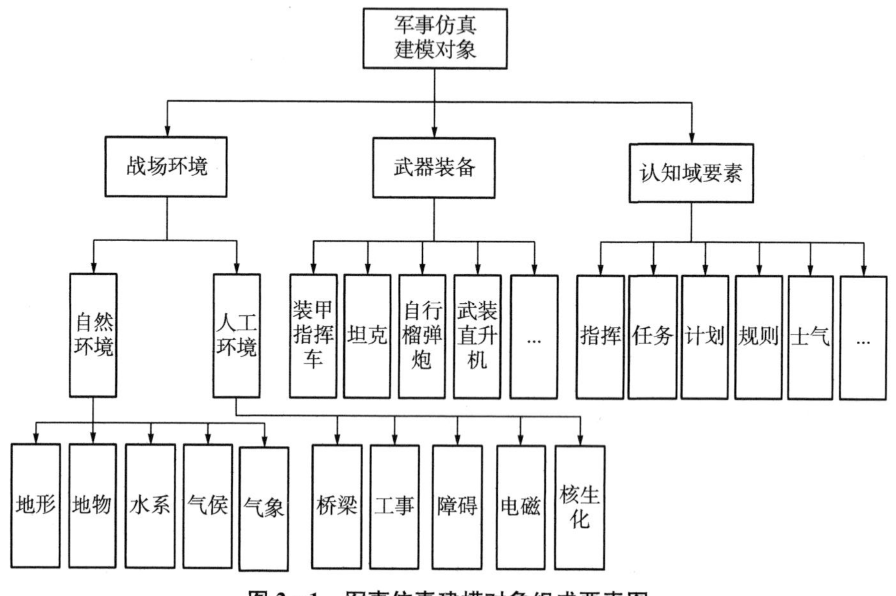

图 2-1　军事仿真建模对象组成要素图

在上述建模对象中，自然环境要素描述内容相对比较固定。而人工环境要素、武器装备要素以及作战人员认知域要素随具体作战样式、作战规则以及武器装备类型、型号各异而呈现较大的差异。因此，在进行模型结构设计时，除要涵盖所有建模对象之外，尤其要注重对差异较大的要素的描述。其次，组件化建模平台作为一组模型开发工具集，还必须考虑模型相关数据资源的管理和访问以及进行模型开发和运行监控相关的辅助工具。

结合上述分析，本书将研究的组件化建模仿真平台界定为狭义的建模仿真平台范畴，着重研究组件化平台集成框架、实体组件模型体系构建、自然环境数据资源管理、模型数据资源管理以及平台相关核心技术等内容。按照功能逻辑进行抽象分类的原则，将组件化建模仿真平台划分为实体系统、自然环境系统、数据资源管理系统以及辅助工具系统等，如图 2-2 所示。

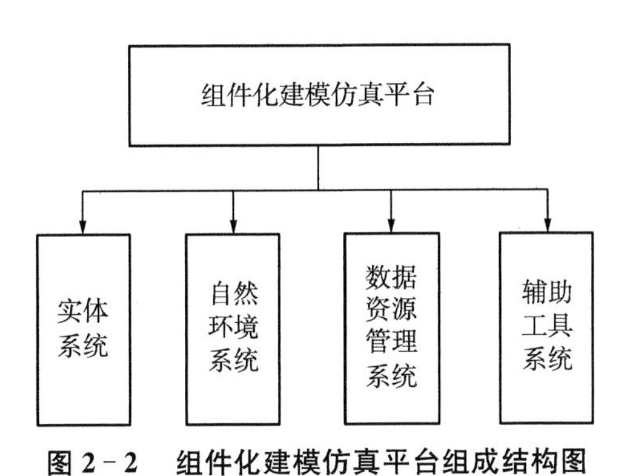

图 2-2　组件化建模仿真平台组成结构图

其中，实体系统主要采用组件化建模方法对武器装备、人工环境以及作战人员认知域要素进行建模。自然环境系统主要对地理环境如地形、地物、水系等和天候环境进行建模，并侧重于描述自然环境对军事行动如机动、探测、防护、射击、通信等的影响。数据资源管理系统主要对模型涉及的结构化数据和非结构化数据的管理和访问进行描述，提供对多类不同格式数据的统一管理和访问服务。辅助工具系统主要对模型开发和运行监控相关的事件驱动、日志管理、序列化、实体运行时类型识别等辅助工具进行描述。

在对组件化建模仿真平台功能组成划分的基础上，采用何种逻辑结构对平台进行组织是关系平台技术先进性和生命力的核心因素。组件化建模仿真平台作为支持仿真模型设计与开发的一组软件工具集，平台的逻辑结构必须具有适应建模对象复杂多变、建模需求不断扩展以及模型实现不断更新完善的能力，概括而言就是组件化建模仿真平台需要一种柔性的软件结构，这种柔性软件结构要求平台的各个组成系统之间具有信息关联紧密、组织结构松散的特点。针对上述需求，在对平台逻辑结构进行设计时，采用插件式软件结构进行组织,将平台设计为由主框架和各个插件构成,如图 2-3 所示。

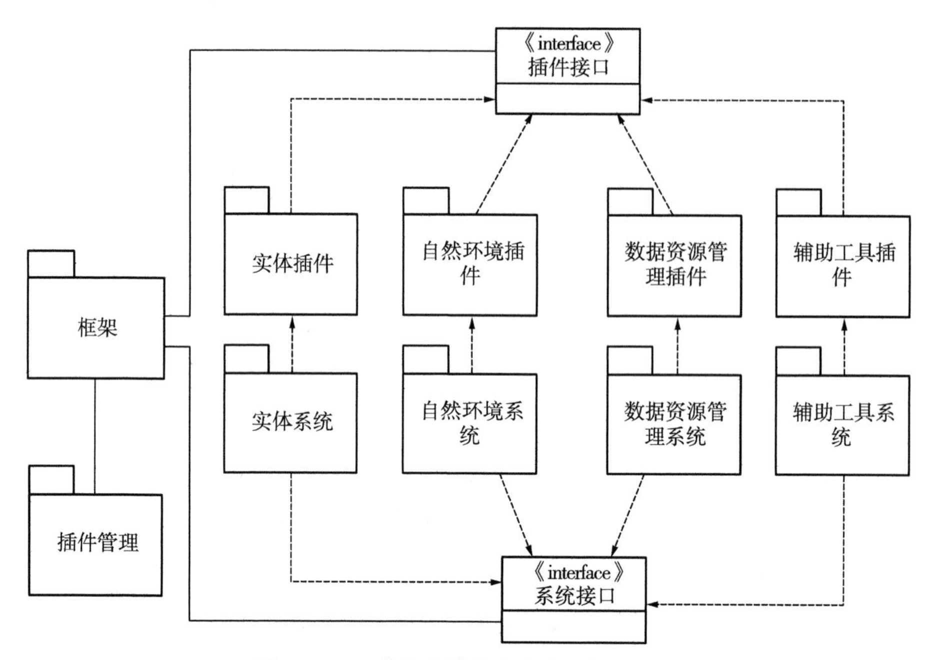

图 2-3 组件化建模仿真平台逻辑结构图

其中,平台采用微内核的方式进行设计,框架只负责接口的定义以及插件的管理,平台的内核功能和扩展功能全部采用插件方式予以设计。实体插件、自然环境插件、数据资源管理插件、辅助工具插件分别对应实体系统、自然环境系统、数据资源管理系统和辅助工具系统,也就是说,各个插件是对相应功能系统的封装,插件是系统的外在表现形式,系统是插件的核心内容所在。插件管理既包括对形式的管理如插件加载、启动、关闭、卸载等操作,又包括对内容的管理如系统注册、系统维护以及运行调度控制等。为了达到形式与内容的统一,需要定义两个接口:插件接口 IPlugin 和系统接口 ISystem。其中,插件接口 IPlugin 用于统一框架对插件的所有操作,系统接口 ISystem 用于保持各个功能系统的一致性。

插件接口 IPlugin 定义如图 2-4 所示。

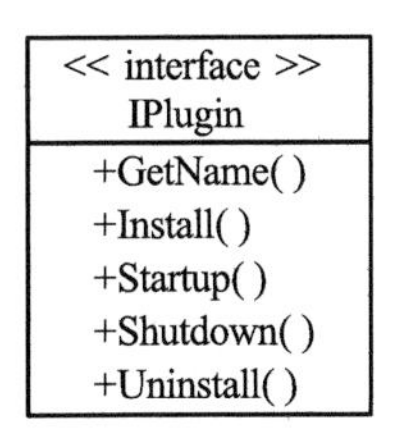

图 2-4　IPlugin 抽象接口图

IPlugin 接口定义了框架可以与插件进行交互的最小函数集，所有的接口函数均为纯虚函数。其中：

• GetName()接口函数提供获取插件名称功能；

• Install()接口函数提供加载插件功能，该函数主要进行与插件相对应的系统的创建工作；

• Startup()接口函数提供启动插件功能，该函数主要进行与插件相对应的系统的启动工作，如分配内存、初始化、系统注册等；

• Shutdown()接口函数提供关闭插件功能，该函数主要进行与插件相对应的系统的关闭工作，如释放内存、系统注销等；

• Uninstall()接口函数提供卸载插件功能，该函数主要进行与插件相对应的系统的销毁工作。

实体插件、自然环境插件、数据资源管理插件以及辅助工具插件均派生于 IPlugin 接口，并针对 IPlugin 定义的接口函数提供具体的实现，插件层次结构如图 2-5 所示。

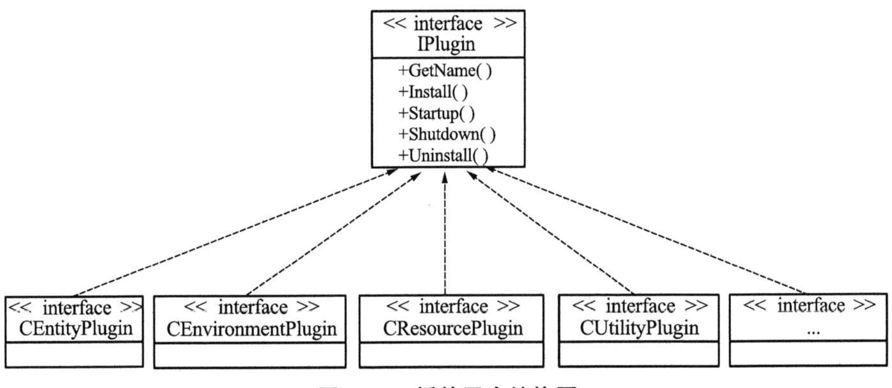

图 2-5　插件层次结构图

ISystem 接口定义了系统接口的最小函数集，所有的接口函数亦均为纯虚函数，如图 2－6 所示。

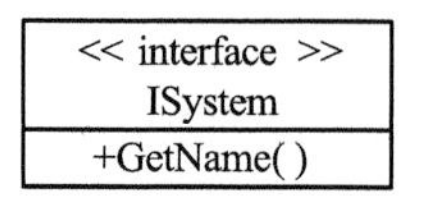

图 2－6　ISystem 抽象接口图

ISystem 接口只有一个接口函数 GetName()，其功能为获取具体系统的名称。ISystem 接口的定义虽然简单，但却为平台统一管理和维护各个系统提供了支持，如采用统一方式进行系统注册、采用一致的方式查询系统等。实体系统、自然环境系统、数据资源管理系统以及辅助工具系统均派生于 ISystem 接口，并针对 ISystem 定义的接口函数提供具体的实现，系统层次结构如图 2－7 所示。

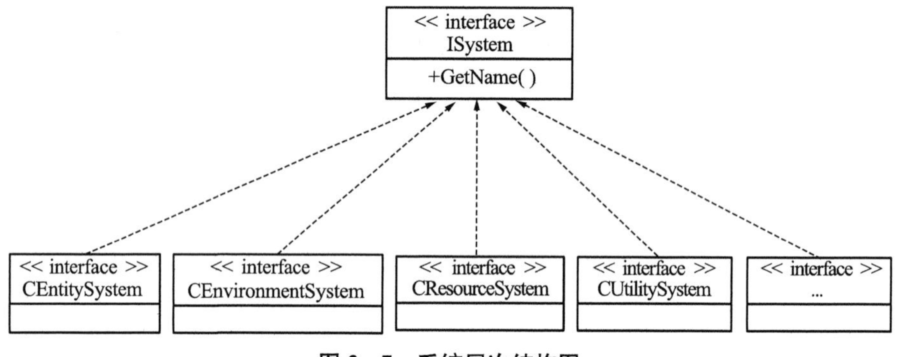

图 2－7　系统层次结构图

接口的设计为插件的统一管理提供了技术基础，插件管理包括插件形式以及插件对应系统两个方面的管理。其中，对插件形式的管理具体包括注册插件、加载插件、启动插件、关闭插件、卸载插件、注销插件等。对系统的管理包括注册系统、注销系统以及查询系统等。在工程实现上，通常采用单子模式来设计插件管理器和系统管理器，采用数组、队列、链表或映射的方式对插件或系统进行组织。以 C＋＋程序设计语言为例（注：在后面的章节中，涉及代码设计的内容均采用该程序设计语言进行介绍），插件管理器和系统管理器的类结构设计如图 2-8 和图 2-9 所示。

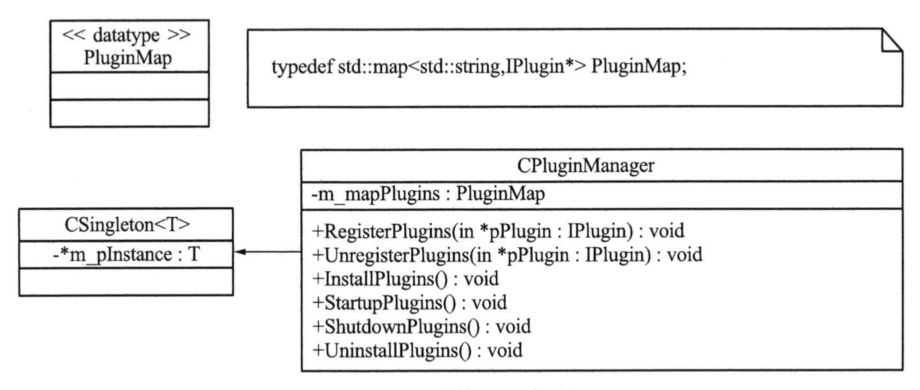

图 2-8　插件管理器类结构图

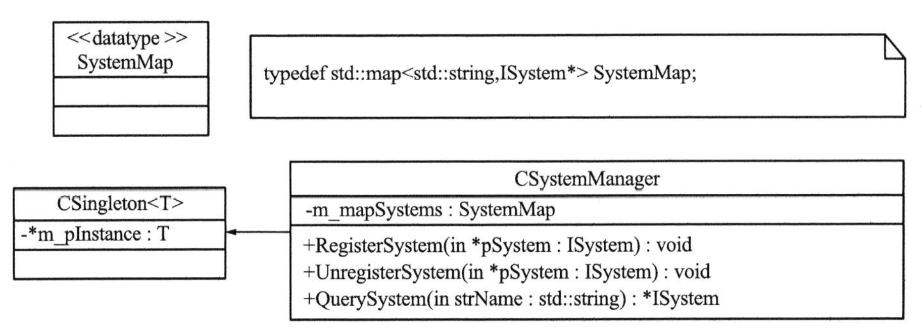

图 2-9　系统管理器类结构图

上述类结构设计图中，基于搜索效率的考虑，插件管理器 CPluginManager 和系统管理器 CSystemManager 均采用映射 map 的方式分别对插件和系统进行组织。插件管理器和系统管理器采用模板方式实现的单子模式 CSingleton<T>进行设计，保证了管理器的全局唯一性。插件管理器具体包括插件注册、注销、加载、启动、关闭、卸载等功能函数。系统管理器具体包括系统注册、注销、查询等功能函数。由于采用了 IPlugin 抽象接口和 ISystem 抽象接口，使得插件管理器和系统管理器可以采用统一的方式对插件和系统进行组织和管理。

采用插件式软件结构对平台功能组成系统进行组织，将形式设计与内容设计分离，便于构建耦合性弱、配置灵活、扩展性强的软件框架，从而为组件化建模仿真平台结构的设计提供灵活的技术解决方案。

二、组件化建模仿真平台信息流程设计

组件化建模仿真平台信息流程是对平台组成元素之间的信息类型、信息关联关系以及信息处理时序的描述，反映了平台内部的信息流动。信息流是沟通平台框架、插件以及功能系统之间相互协作的桥梁，分析平台的信息流程，有助于探索平台内部信息流动的时序，厘清平台信息流动的脉络。组件化建模仿真平台信息流程如图 2－10 所示。

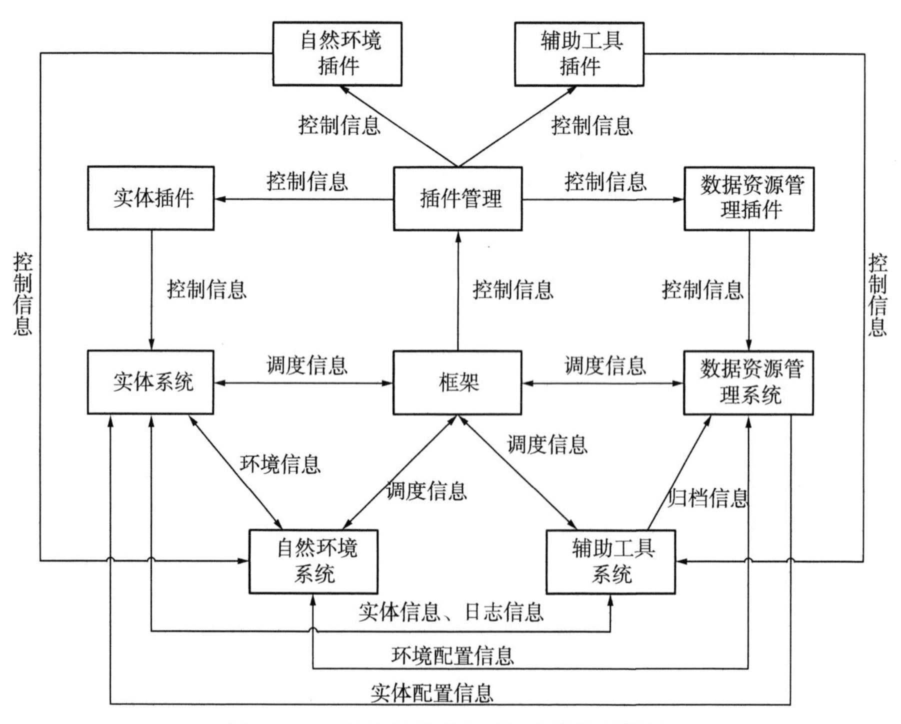

图 2－10　组件化建模仿真平台信息流程图

在上述信息流程图中，框架和插件管理处于平台信息处理的核心和枢纽位置，负责完成平台各个功能插件和系统的协调运行。同时，框架与插件

管理之间还存在控制与被控制的关系，框架负责插件管理的创建、删除以及维护等。插件管理与实体插件、自然环境插件、数据资源管理插件以及辅助工具插件之间也存在控制与被控制的关系，由插件管理负责各个插件的注册、加载、启动、关闭、卸载、注销以及维护等。各个功能插件与对应系统之间亦是控制与被控制的关系，由插件负责对应系统的创建、注册、注销、删除等。框架与各个系统之间存在调度关系，由框架负责对各个系统进行运行调度，完成系统准备、系统更新以及系统善后等。各个系统通过框架实现系统间相互查询，如实体系统通过框架查询获取数据资源管理系统句柄，以访问数据资源管理系统提供的数据访问服务。实体系统与自然环境系统之间通过环境信息进行交互，自然环境系统向实体系统提供环境信息服务，如提供地形高程信息、植被信息等供实体系统进行通视判断和遮蔽计算，实体系统将对环境造成的改变等信息提交给自然环境系统进行处理，如爆炸造成的地物以及地貌的改变等。实体系统通过数据资源管理系统获取实体配置信息，通过辅助工具系统处理运行日志信息以及序列化和反序列化实体信息。自然环境系统通过数据资源管理系统获取环境配置信息。辅助工具系统通过数据资源管理系统实现数据归档。

在对平台组成元素之间静态的信息关联关系进行梳理分析的基础上，明确平台内部动态的信息处理时序是平台信息流程设计的另一关键环节。信息处理时序是指按照时间优先顺序对平台处理信息的逻辑次序进行的组织。平台信息处理时序如图 2－11 所示。

如图 2－11 所示，平台信息处理步骤大致分为四个阶段：创建阶段；初始化阶段；更新阶段；删除阶段。在创建阶段，框架首先创建插件管理，而后插件管理负责创建并注册各个插件，最后加载并启动各个插件，在插件加载期间完成各个系统的创建，在插件启动期间完成各个系统的注册。在初始化阶段，框架首先读取运行配置参数，而后设置各个系统间的依赖关系，最后实体系统完成实体配置信息加载、自然环境系统完成环境配置信息加载等。在更新阶段，框架依次对各个系统进行遍历更新，在系统更新期间，实体系

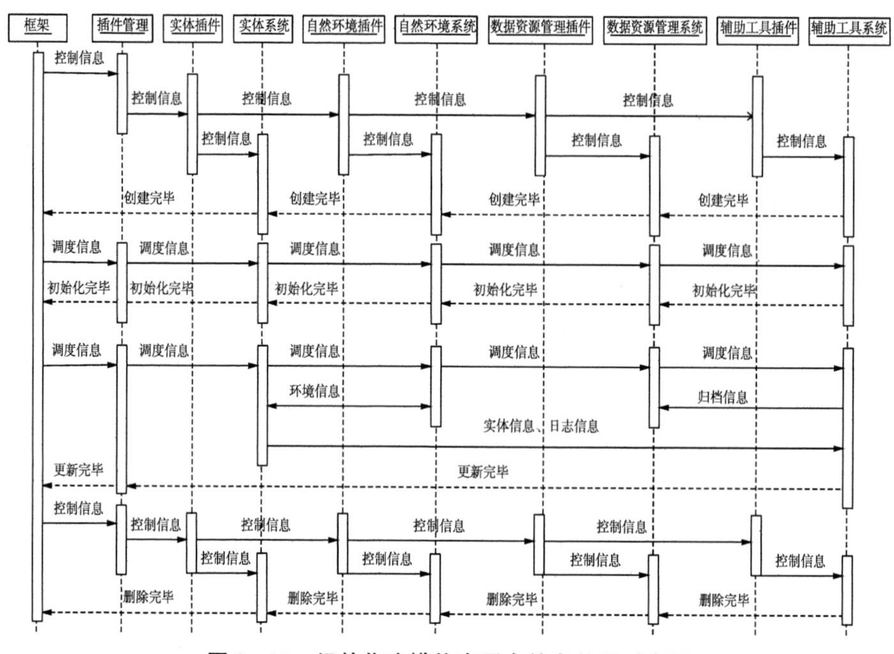

图 2－11　组件化建模仿真平台信息处理时序图

统与自然环境系统进行环境信息交互、实体系统与辅助工具系统进行实体信息以及日志信息交互、数据资源管理系统与辅助工具系统完成归档信息交互。在删除阶段，首先关闭并卸载各个插件，在插件关闭期间完成各个系统的注销，在插件卸载期间完成各个系统的删除。其次插件管理注销并删除各个插件，最后框架删除插件管理。

三、组件化建模仿真平台控制流程设计

平台功能的发挥需要在框架的统一调度和控制下，各个功能插件相互协作、协调一致才能完成，因此对平台控制流程的设计就显得至关重要。平台控制流程是对平台调度和推进机制的描述，主要包括两个方面的设计内容：一是平台的插件调度机制；二是平台运行推进机制。

(一) 组件化建模仿真平台插件调度机制

平台插件调度机制是对插件及相应系统的创建、注册、加载、启动、关闭、卸载、注销、销毁等全生命周期过程的描述，插件调度流程如图 2－12 所示。

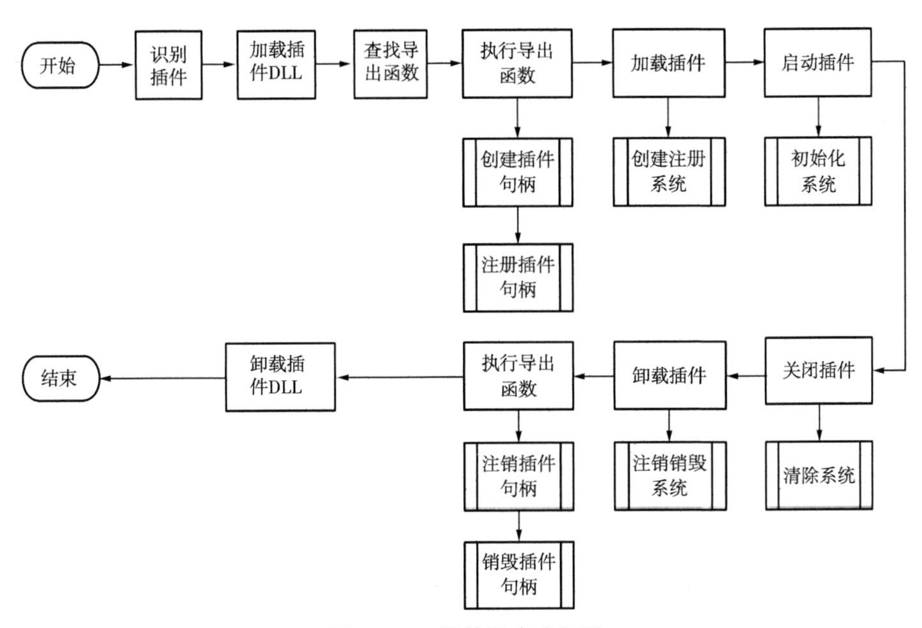

图 2－12　插件调度流程图

下面以 Win32 系统为例，详细描述平台的插件调度流程。插件调度的具体过程可以分为如下八个步骤：

1. 识别插件

框架通过插件管理加载插件时，需要采用某种机制来识别哪些文件才是插件。在 Win32 系统中，插件通常采用动态链接库（Dynamic Link Library，DLL）的形式予以设计。设计的插件放置于单独的文件目录下，在识别插件时可以采取两种方式：一是采用识别特定扩展名的方式；二是采用配置文件的方式。两种识别方式各有利弊，若插件无加载次序，采取第一种方式简单快捷，而第二种方式需要增加额外的插件配置文件解析工作。若插件有加载次序并且需要能够在外部编辑加载次序，采用第二种方式就更为简易。第一种方式若要达到同样的效果，则可以采用在插件名称上定义加载次序的方式实现或者采用在插件名称上增加优先级信息并且在插件IPlugin接口中增加设置和获取优先级接口函数实现。

2. 加载插件动态链接库

在Win32系统中，通常采用LoadLibrary函数加载插件动态链接库：

```
HMODULE WINAPI LoadLibrary( LPCTSTR lpFileName);
```

LoadLibrary函数依据传入的文件名加载插件动态链接库，返回HMODULE类型句柄，该句柄在释放载入的插件动态链接库时使用。若加载插件动态链接库失败，则返回空句柄。加载失败的原因可能是传入的文件路径错误、名称错误或者文件被破坏等。因此，在每次加载插件动态链接库之后均须检查是否加载成功。若在加载插件动态链接库时需要额外的参数信息，则可采用LoadLibraryEx函数。

3. 查找导出函数

在插件动态链接库设计时，动态链接库必须显式地标记向库外提供的函数、类或者变量。通常，插件动态链接库输出的不是插件类本身而是全局函数，该函数负责创建或删除实际的插件对象。导出函数核心代码设计如下所示：

```
extern    "C" __declspec(dllexport)   bool dllStartPlugin( CPluginManager * pMgr )
{
    if( NULL ! = CEntityPlugin::GetSingleton() )
    {
        Return
        Mgr->RegisterPlugins( CEntityPlugin::GetSingleton() );
    }
    return false;
}
extern    "C"    __declspec(dllexport)    bool dllStopPlugin( CPluginManager *
pMgr )
{
    if( NULL ! = CEntityPlugin::GetSingleton() )
```

```
    {
        pMgr—>UnregisterPlugins( CEntityPlugin::GetSingleton() );
        CEntityPlugin::ReleaseSingleton();
        return true;
    }
    return false;
}
```

其中，导出函数 dllStartPlugin 负责创建插件类对象以及向插件管理器注册插件，而导出函数 dllStopPlugin 作用正好相反，负责向插件管理器注销插件以及删除插件类对象。

一旦加载成功插件动态链接库，则可以使用 GetProcAddress 函数来查找导出函数。若搜索成功，则 GetProcAddress 返回指向函数的指针，否则返回空指针。查找导出函数的核心设计代码如下所示：

```
typedef    bool    ( bool * DLL_START_PLUGIN )( CPluginManager * pMgr );
typedef    bool  ( bool * DLL_STOP_PLUGIN )( CPluginManager * pMgr );
    DLL_START_PLUGIN pFunc =
                    (DLL _ START _ PLUGIN ) GetProcAddress ( hDll,
                    "dllStartPlugin" );
    DLL_STOP_PLUGIN pFunc =
                    ( DLL _ STOP _ PLUGIN ) GetProcAddress ( hDll,
                    "dllStopPlugin" );
```

其中，GetProcAddress 函数的第一个参数是加载插件动态链接库返回的 HMODULE 类型句柄，第二个参数是导出函数的函数名。

4. 创建注册插件

调用 GetProcAddress 函数返回的 DLL_START_PLUGIN 类型函数指针 pFunc，执行导出函数 dllStartPlugin 进行插件句柄的创建和注册。

5. 加载启动插件

加载启动插件主要完成对已注册插件所对应的系统的创建、注册和初始化任务。核心设计代码如下所示：

```
for( PluginMap::iterator itor= m_mapPlugins.begin();
                    itor! = m_mapPlugins.end(); itor++ )
```

```
{
    IPlugin * pPlugin = (IPlugin * )(itor->second)
    if( NULL ! = pPlugin )
    {
        pPlugin->Install();
    }
}
for( PluginMap::iterator itor= m_mapPlugins.begin();
                        itor! = m_mapPlugins.end(); itor++ )
{
    IPlugin * pPlugin = (IPlugin * )(itor->second)
    if( NULL ! = pPlugin )
    {
        pPlugin->Startup();
    }
}
```

其中,在 Install 函数中完成插件对应系统的创建和注册,在 Startup 函数中完成系统的内存分配、变量初始化等。

6. 关闭卸载插件

关闭卸载插件主要完成对已注册插件所对应的系统的内存释放、系统注销和销毁任务。核心设计代码如下所示:

```
for( PluginMap::iterator itor= m_mapPlugins.begin();
                        itor! = m_mapPlugins.end(); itor++ )
{
    IPlugin * pPlugin = (IPlugin * )(itor->second)
    if( NULL ! = pPlugin )
    {
        pPlugin->Shutdown();
    }
}
for( PluginMap::iterator itor= m_mapPlugins.begin();
                        itor! = m_mapPlugins.end(); itor++ )
```

```
{
    IPlugin * pPlugin = (IPlugin *)(itor->second)
    if( NULL ! = pPlugin )
    {
        pPlugin->Uninstall ();
    }
}
```

其中，在 Shutdown 函数中完成插件对应系统的内存释放，在 Install 函数中完成系统的注销和销毁。

7. 注销销毁插件

调用 GetProcAddress 函数返回的 DLL_STOP_PLUGIN 类型函数指针 pFunc，执行导出函数 dllStopPlugin 进行插件句柄的注销和销毁。

8. 卸载插件动态链接库

利用 LoadLibrary 函数返回的 HMODULE 类型句柄，调用 Win32 函数 FreeLibrary 卸载插件动态链接库：

```
BOOL WINAPI FreeLibrary( HMODULE hModule );
```

FreeLibrary 函数依据传入的 HMODULE 类型句柄卸载插件。当返回值为 TRUE 时，表示卸载插件成功。

（二）组件化建模仿真平台运行推进机制

运行推进机制是指在仿真运行时采取的循环控制策略。组件化建模仿真平台推进机制采取基于时间步长的循环控制方式进行设计，具体包括两种形式：一是固定时间步长的循环方式，即仿真循环是采用固定时间周期触发方式运行，如每 5 秒运行一次仿真循环。二是自由时间步长的循环方式，即仿真循环是采用不定时间周期触发方式运行，此种方式依赖于硬件配置、系统复杂度设计等因素，每次仿真循环时间是不固定的，硬件配置高、系统实现复杂度低则仿真循环耗时就少，反之则费时。平台运行推进支持上述两种形式的循环控制方式，依据具体的应用需要可在两种形式之间进行灵活地切换，其循环控制流程如图 2－13 所示。

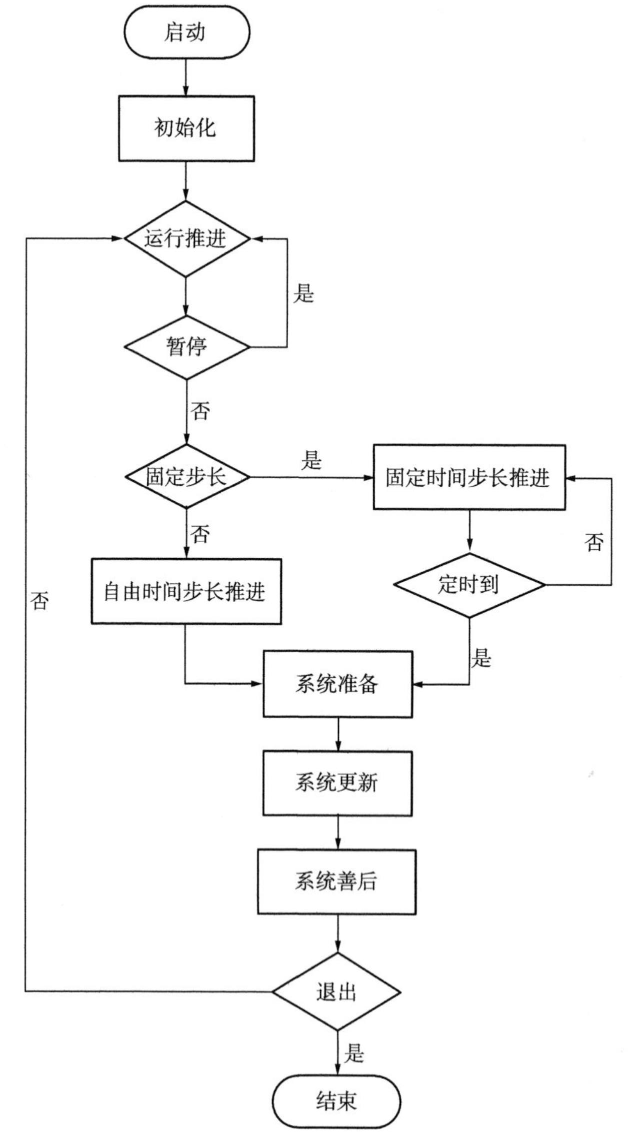

图 2－13　平台运行循环控制流程图

如图 2－13 所示，平台在启动运行之后，首先进行初始化工作，完成内存分配、运行参数配置以及插件管理器创建等工作，而后进入运行循环处理，依次判断仿真运行是否处于暂停状态、是否采用固定时间步长循环方式。若采用自由时间步长推进，则直接进入系统循环。若采用固定时间步长推进，则开始进行计时，当时间累计量达到设定的时间步长之后再进入系统循环。在系统循环中，采用分步骤处理的方式进行设计：首先进行系统更新前的准备工作，如实体系统获取指令列表中待执行的指令、自然环境系统获取实时气象信息等；而后进行系统更新，如实体系统负责对仿真实体的各功能组件如机动组件、传感器组件、武器系统组件等进行逻辑运算、自然环境系统进行气象仿真逻辑运算等；最后进行系统更新后的善后工作，如释放临时缓存、发布仿真实体交互信息和状态信息等。

为了减少系统之间的耦合，在循环控制实现时采取消息驱动方式进行设计，即平台在仿真运行循环周期内对已注册的系统采取消息驱动的方式进行调度，定义三类消息 MESSAGE_PRE_FRAME、MESSAGE_FRAME、MESSAGE_POST_FRAME，分别对应 PreFrame、Frame、PostFrame 消息处理函数。其中，PreFrame 函数负责系统更新前的准备工作，Frame 函数负责系统更新工作，PostFrame 负责系统更新后的善后工作。消息驱动方式采用观察者模式进行设计，采用消息驱动方式进行系统调度可以较好地实现系统间的松耦合，便于维护和扩展系统，其程序结构设计如图 2－14 所示。

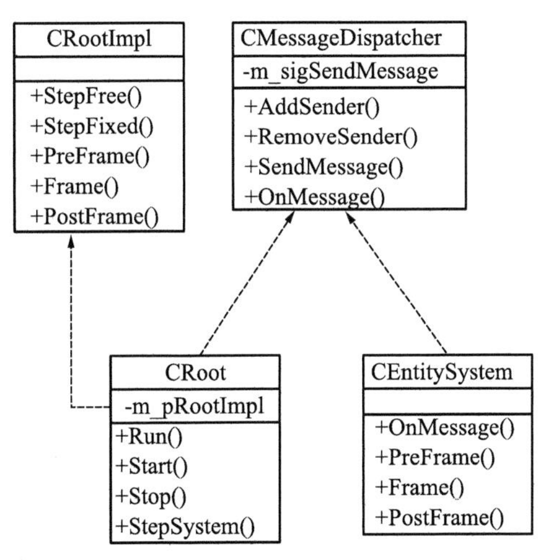

图 2－14　消息驱动程序结构设计图

其中,CMessageDispatcher 类负责实现消息发送以及响应机制。平台框架 CRoot 类负责平台的总调度,采用实现模式设计。平台框架 CRoot 类以及各个系统均派生于 CMessageDispatcher 类,在系统构造函数中与 CRoot 类的 m_sigSendMessage 信号建立连接,在析构函数中断开与 CRoot 类的 m_ sigSendMessage 信号连接。平台框架在仿真运行循环时,调用 SendMessage 函数分别向各系统发送 MESSAGE _ PRE _ FRAME、MESSAGE_ FRAME、MESSAGE _ POST _ FRAME 消息,系统在各自的 OnMessage 函数中接收并解析消息参数,尔后调用系统的 PreFrame、Frame、PostFrame 函数,实现消息驱动方式调度。

第三章　组件化建模仿真平台实体系统设计

实体系统是组件化建模仿真平台的核心，主要职能是采用组件化建模方法对军事仿真所涉及的不同类型和型号的武器装备、各个级别的作战编组单位以及桥梁、工事、障碍等人工环境和作战原则、指挥艺术、人员士气等作战人员认知域要素等内容进行建模描述，从而为军事仿真提供必需的仿真主体。本章围绕仿真实体要素、实体组件化建模机制、实体组件模型体系、实体管理机制以及实体交互机制来阐述实体系统的设计，使读者对采用组件化建模理论进行仿真实体设计的方法和步骤有一个全面清晰的认识和把握。

一、仿真实体要素设计

所谓作战仿真实体[①]，是指军事仿真系统中执行作战任务或保障任务的编组单位，是由编成内的兵力兵器组合而成，是人与武器装备的有机结合体，其中武器装备是基础性关键性因素，人是支配性决定性因素，其描述内

① 刘笑军，姜贺德，张仁友.装甲兵战斗概念模型[M].北京：军事科学出版社，2006.

容包括实体状态和实体行为两部分。实体状态是给定时间内选定属性的值。实体行为是实体能执行的所有操作，由于实体是仿真系统中的一种主动对象，除了具有机动、探测、射击等物理行为能力，还有目标威胁评估、自主寻径等智能行为能力，是物理行为和智能行为的载体，因此，描述实体行为不仅要描述一般对象具有的操作，还要描述实体的自主性，实现实体的智能决策行为建模。实体的状态转移或者行为的执行是通过事件触发的，事件可分为交互和自转换两种类型。交互是一个实体在某种条件下为完成某项任务与另一个实体之间互通的消息，分为消息和命令两类。命令是一个实体对另一个实体的调用。自转换是实体在无交互的情况下，满足一定条件后自动进行的状态间转换。交互和自转换体现了实体与外界之间以及实体内部的关联关系，架起了实体与外界沟通的桥梁，形成了一个有机的整体。可见，作战仿真实体要素的设计不能把实体作为一个孤立的存在考虑，而是不仅要描述实体本身，还应描述实体之间的联系。

以陆军为例，陆军作为一个军种，涉及多达十几个兵种以及专业，在对其进行仿真建模时，需要考虑的实体规模相当庞大，而实体与实体之间、实体与环境之间相互作用，形成了错综复杂的交互关系。为了厘清仿真实体的组成和结构，建立分析和表达仿真实体的统一的语法语义，目前普遍采用信息模型法进行分析和设计。

信息模型法是一种基于实体关系（E－R）图的系统分析方法。在E－R模型中，实体是一个对象或一组对象。这里，对象是实际系统中的事物，如武器装备、指挥机构、作战人员等。每个实体都有一组描述其状态特征的属性和行为能力的方法。关系是实体之间的联系或交互作用。实体通过关系形成一个网络，描述一个系统的信息状况。这种方法用一个等式可以表示为：

信息模型法＝实体＋关系

信息模型将问题空间直接映射成系统中的对象，这种映射方式通过实体抽象描述系统需求，它同功能分解法的过程抽象、数据流法的数据抽象相比在思想方法上有了很大的进步。首先,系统模型是基于系统中最稳定的要素——对象而建立的,因此具有极高的稳定性,其应变能力得到了明显改善。其次,信息模型易于被领域人员掌握和使用,促进系统分析人员和领域人员的交流,有助于对问题空间进行完整和准确地描述、理解和把握。

(一) 作战仿真实体

1. 作战仿真实体特征

(1) 聚合性

聚合性具有两层含义:一是实体是人与武器装备的有机结合体,兵力与兵器密不可分,没有兵力或兵器的实体均被认为是无法发挥作战效用的“死亡实体”;二是高级别层次实体是在最小分辨率实体基础上聚合而成的,其特征由内部聚集的实体体现。这种特征反映了作战仿真实体具有能够聚合(组合)和解聚(分解)的特性。实体聚合或解聚后,必然导致实体对外表现的特征发生变化。如何确定实体在聚合或解聚后的状态和行为是实体聚合与解聚的核心问题,本章在确定实体聚合和解聚后的实体特征时,采用如图3-1所示逻辑进行设计。

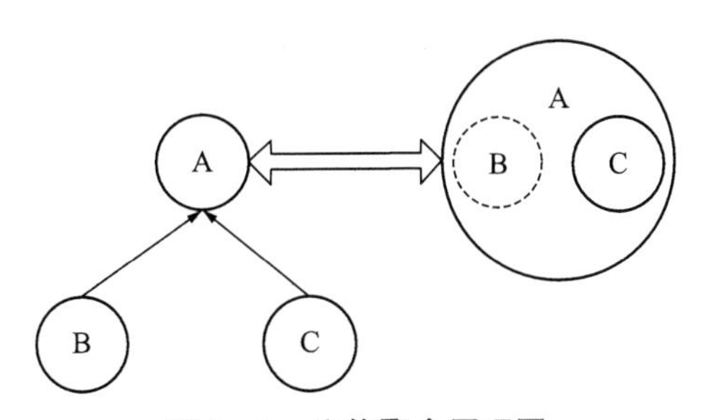

图3-1　实体聚合原理图

如图3-1所示,实体B和实体C为最小分辨率实体,实体A由两者组合而成。在实体组合后,考虑到组合体内部本身具有的指挥关系,实体B与实体C并不是处于同等的地位,而是担当了组合实体A内部的领导角色,实体A的特征是由实体B领衔,与实体C共同来反应。例如,将三辆坦克实体

1、2、3组合形成一个坦克排实体。在组合前，单坦克实体1、2、3具有各自的属性和行为，表现出独立的特征。组合后，坦克实体1担当了排长车角色，与其他两个坦克实体共同来体现坦克排实体的特征，坦克实体1除具有原有的特征外，还要具备排级指挥决策的能力。这种指挥决策能力主要表现在上传下达两个方面：一是解析坦克排实体接收到的上级任务和指令，分解后控制和调度坦克排实体内部组合的实体。二是反馈并上报坦克排实体内部组合实体的请求。实体聚合还具有递归的属性，即组合实体还可以被再次组合形成更高一级实体。

实体解聚是实体聚合的逆过程，由于采用组合的方式进行实体聚合，在实体解聚时，只需依据解聚的级别层次要求，将组合的实体进行逐个分解即可，解聚后的实体行为由实体本身自主控制。实体解聚原理如图3－2所示。

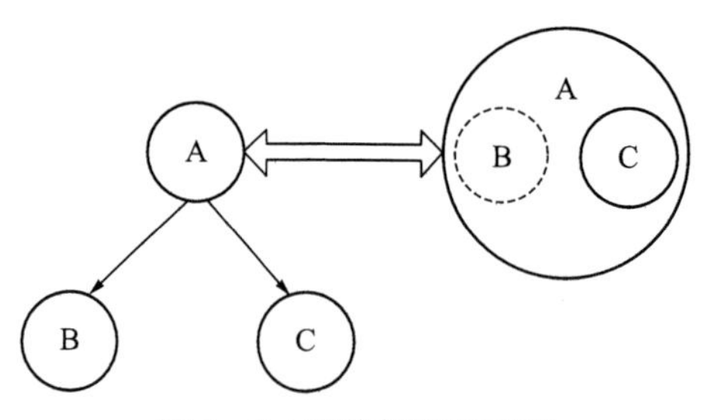

图3－2　实体解聚原理图

(2) 层次性

作战编成中，各单位具有明确的指挥层次。作战仿真实体应能反映出作战编成中的上下级关系，体现上级实体与下级实体之间的层次关系。同时，这种层级关系并不是一直固化不变的，而是可以随着担负作战任务的变化而发生改变的。如将某一实体加强或转隶给另一实体，则会导致指挥层级关系发生改变。

2. 作战仿真实体分辨率

确定实体分辨率是作战仿真实体要素设计的关键环节。所谓实体分辨率，是指实体的描述粒度，它决定了仿真的可信度和规模。科学合理地选择和确定实体分辨率是确保不同层次、不同规模仿真建模应用需求得以满足的重要保证。从陆军作战仿真为例，目前，陆军作战仿真主要有 3 个规模层次的应用需求：一是陆军战役军团作战仿真应用需求，它侧重于陆军集团军规模的作战仿真。该类仿真对实体描述粒度要求不高，通常实体最小分辨率到团或营规模即可。二是陆军战术兵团作战仿真应用需求，它侧重于陆军师、旅规模的作战仿真，此类仿真涉及内容多、要素全，对仿真的实时性和可信度均有较高要求。该类仿真对实体描述粒度要求很高，通常实体最小分辨率到排、班或组。三是陆军兵种分队作战仿真应用需求，它侧重于陆军营、连、排规模的作战仿真，此类仿真涉及的规模虽然较小，但对仿真的实时性和可信度均有十分苛刻的要求，不仅要求仿真周期尽可能短，而且还要能体现不同装备、不同角色的战技术性能和作战水平。该类仿真对实体描述粒度要求最高，通常实体最小分辨率到单武器平台或单个作战人员。

综合以上作战仿真建模应用需求，作战仿真实体分辨率可以概括为低分辨率、中等分辨率和高分辨率 3 个级别。低分辨率实体依据作战单位的整体战技术特征进行建模，支持大规模的仿真应用，但由于建模粒度较粗，仿真的可信度往往会受到质疑。高分辨率实体依据武器平台装备性能或作战人员担任角色的技能进行建模，具有较高的仿真可信度，但由于建模粒度过细，不能有效支持大规模的仿真应用。中等分辨率实体在一定程度上吸收借鉴了高分辨率实体和低分辨率实体建模所依据的标准，在仿真规模和可信度之间取得了均衡。

结合低分辨率、中等分辨率和高分辨率实体建模的特点，考虑到组件化建模平台必须具有支持各个级别作战仿真建模的应用需求，本章在确定作战仿真实体分辨率时，采取区别对待的原则，按照各作战要素组成和分工的重要程度来确定实体的分辨率，并且在描述最小分辨率实体时，依据的标准是实体具有的能力而非实体的战技术性能。因为性能侧重于装备本身的物理特征，而能力则是按照作战仿真应用的需求对性能体现出的效能的反应。如此一来，既保证了实体描述的可信度，又减少了实体描述的复杂度。从陆军作战仿真为例，作战仿真实体分辨率具体内容如表 3－1 所示。

表 3－1　陆军作战仿真实体分辨率描述表

序号	作战仿真实体	实体最小分辨率
1	指挥控制实体	指挥所、指挥车
2	指挥勤务实体	班、组
3	徒步步兵实体	班、组
4	摩托化步兵实体	班、组、车
5	机械化步兵实体	班、组、车
6	坦克兵实体	车
7	炮兵实体	观察所、排、炮
8	防空兵实体	车
9	陆军航空兵实体	架
10	特种兵实体	组
11	电子对抗兵实体	车、架
12	通信兵实体	班、车
13	工程兵实体	车
14	防化兵实体	车
15	后装保障实体	车
16	政工作战实体	车

如表 3－1 所示，按照陆军作战要素组成和分工的原则，确定了陆军作战仿真实体的分辨率。其中：

指挥控制实体最小分辨率为指挥所和指挥车。指挥所用于描述野战或固定的指挥机构；指挥车用于描述可实施机动的指挥机构。

指挥勤务实体最小分辨率为班和组。班用于描述担负巡逻、警戒、保卫等指挥勤务的实体；组用于描述担负狙击、侦察等指挥勤务的实体。

徒步步兵实体最小分辨率为班和组。班用于描述担负常规作战任务如攻击、防御等的徒步步兵实体；组用于描述担负狙击、渗透、侦察等任务的徒步步兵实体。

摩托化步兵实体最小分辨率为班、组和车。班和组的描述同徒步步兵；车用于描述以轮式运输车辆及其相应成员为基础的摩托化步兵实体。

机械化步兵实体最小分辨率为班、组和车。班和组的描述同徒步步兵；车用于描述以步兵战斗车、轮式输送车及其相应成员为基础的机械化步兵实体。

坦克兵实体最小分辨率为车。车用于描述以坦克及其成员为基础的坦克兵实体。

炮兵实体最小分辨率为观察所、排和炮。观察所用于描述担负炮兵观察、引导、校射任务的炮兵实体；排用于描述以牵引炮及其成员为基础的炮兵实体；炮用于描述以自行炮及其成员为基础的炮兵实体。

防空兵实体最小分辨率为车。车用于描述以防空高炮、防空导弹发射车及其成员为基础的防空兵实体。

陆军航空兵实体最小分辨率为架。架用于描述以攻击直升机、侦察直升机、运输直升机及其成员为基础的陆军航空兵实体。

特种兵实体最小分辨率为组。组用于描述担负侦察、渗透、狙击等作战任务的特种兵实体。

电子对抗兵实体最小分辨率为车和架。车用于描述以电子干扰车及其成员为基础的电子对抗兵实体；架用于描述以电子对抗直升机及其成员、无人机及其操控人员为基础的电子对抗兵实体。

通信兵实体最小分辨率为班和车。班用于描述担负通信保障的通信兵实体；车用于描述担负节点通信和中继通信任务的通信车及其成员为基础的通信兵实体。

工程兵实体最小分辨率为车。车用于描述担负筑桥、布雷、扫雷、掩体等工程保障任务的车辆及其成员为基础的工程兵实体。

防化兵实体最小分辨率为车。车用于描述担负探测、侦察、洗消、发烟等任务的车辆及其成员为基础的防化兵实体。

后装保障实体最小分辨率为车。车用于描述担负卫生救护、燃料补给，物资运输、装备维修、弹药补给等任务的车辆及其成员为基础的后装保障实体。

政工作战实体最小分辨率为车。车用于描述担负喊话、策反、广播、抛洒传单、鼓动等任务的心理战车及其成员为基础的政工作战实体。

3. 作战仿真实体组成

作战仿真实体的区分应以军兵种组成及相应编制为基础，以作战编成为单位，以作战力量体系的本身特征与主要作用为参考，同时考虑建模的目的、主体的级别以及最小分辨率等因素而形成。依据上述原则，在确定作战仿真实体具体组成时，首先要确定作战仿真实体的级别范畴，即确定描述哪些级别层次的实体。通常，最小分辨率实体构成了最基础层次的仿真实体，高级别层次的实体均是在最小分辨率实体的基础上聚合而成。例如，坦克连由连长车和坦克排组合而成，坦克排又由若干坦克单车组合而成。采用聚合的方式描述高级别的实体，不仅可以体现作战编成中实体的层级组织结构，而且还可以提高仿真的可信度。而后，结合实体最小分辨率和实体级别范畴，确定实体的具体类型。以陆军作战仿真为例，作战仿真实体级别层次以及实体具体类型如表 3 - 2 所示。

表 3 - 2　陆军作战仿真实体组成明细表

序号	作战仿真实体	实体建模层次	实体类型
1	指挥控制实体	师、旅、团	师、旅、团野战指挥所 师、旅、团装甲指挥车
2	指挥勤务实体	连、排、班、组	警侦连、警侦排、警侦班、警戒组、侦察组、狙击组等
3	徒步步兵实体	营、连、排、班、组、车	步兵营、步兵连、步兵排、步兵班、反坦克组、狙击组、迫击炮组等
4	摩托化步兵实体	营、连、排、班、组、车	摩步营、摩步连、摩步排、摩步班、反坦克组、狙击组、迫击炮组、履带输送车、轮式输送车

续　表

序号	作战仿真实体	实体建模层次	实体类型
5	机械化步兵实体	营、连、排、班、组、车	机步营、机步连、机步排、机步班、反坦克组、狙击组、迫击炮组、步兵战斗车
6	坦克兵实体	营、连、排、车	坦克营、坦克连、坦克排、坦克
7	炮兵实体	连、排、炮、所	炮兵观察所、自行榴弹炮连、自行榴弹炮排、自行榴弹炮、火箭炮兵连、火箭炮兵排、火箭炮
8	防空兵实体	连、排、车	防空导弹连、防空导弹排、防空导弹车、防空高炮连、防空高炮排、防空高炮
9	陆军航空兵实体	批次、架	攻击直升机、运输直升机、侦察直升机
10	特种兵实体	连、排、班、组	侦察连、侦察排、侦察班、侦察组、爆破组、狙击组、反坦克组、伪装组等
11	电子对抗兵实体	车、架	超短波干扰车、短波干扰车、电子对抗直升机、电子对抗无人机
12	通信兵实体	连、排、班、车	通信连、通信排、通信班、干线节点车、中继通信车
13	工程兵实体	连、排、车	工兵连、工兵排、布雷车、扫雷车、架桥车、工程车（推土机、挖掘机）
14	防化兵实体	连、排、车	防化连、防化排、洗消车、发烟车、探测车、防化侦察车
15	后装保障实体	排、所、车	保障排、修理所、加油车、弹药补给车、救护车、手术车、牵引车、抢修车
16	政工作战实体	车	心战车

4. 作战仿真实体行为

作战仿真实体行为主要描述实体所具有的功能或能力，其包括两个方面的内容，一是行动决策，二是指挥决策。

行动决策主要描述实体的行动规则和逻辑，其包括基本战斗行动决策和高级行动决策两个方面。基本战斗行动决策是指构成实体行为的基础性的元动作逻辑规则，如机动、侦察、打击、通信等。高级行动决策是在基本战斗行动决策的基础上，通过组合各类基本行为而反映出的具备抽象军事意义的行动规则，如进攻、防御、迂回、钳击、反冲击等。基本战斗行动决策是作战仿真实体行动决策的基础，以陆军作战仿真为例，其具体分类如表 3－3 所示。

表 3－3　陆军作战仿真实体基本战斗行动决策分类表

序号	作战仿真实体	基本战斗行动决策类型
1	指挥控制实体	机动、防护、指挥等
2	指挥勤务实体	指挥所开设，指挥所转移，指挥所防卫、伪装、保障等
3	徒步步兵实体	机动、侦察、打击、防护、通信、上车、下车、设障、破障、构筑掩体等
4	摩托化步兵实体	机动、侦察、打击、防护、通信、构筑工事等
5	机械化步兵实体	机动、侦察、打击、防护、通信、构筑工事等
6	坦克兵实体	机动、侦察、打击、防护、通信、构筑工事等
7	炮兵实体	机动、侦察、打击、防护、通信、开设指挥观察所、构筑射击阵地等
8	防空兵实体	机动、侦察、打击、防护、通信、构筑射击阵地等
9	陆军航空兵实体	机动、侦察、打击、防护、通信、装载、卸载等
10	特种兵实体	机动、侦察、打击、防护、通信等
11	电子对抗兵实体	机动、侦察、电子干扰、电子防护、通信等
12	通信兵实体	机动、侦察、打击、通信等
13	工程兵实体	机动、通信、设障、破障、架桥、布雷、扫雷、构筑工事、伪装等
14	防化兵实体	机动、通信、侦察、洗消、发烟、喷火等
15	后装保障实体	机动、通信、弹药补给、油料补给、物资补给、救护、抢修装备等
16	政工作战实体	机动、通信、广播、抛洒传单等

指挥决策主要针对作战仿真实体中的指挥控制实体而言，主要负责描

述该类实体具备的兵力指挥与控制、任务与火力区分、行动协调与监视、资源调度与分配等行为逻辑。在陆军作战仿真中，指挥决策包括分队指挥决策和部队指挥决策两个层次。分队指挥决策是指陆军部队营、连、排三个级别的指挥决策，其指挥决策内容主要关注与下级行动实体的控制以及与上级指挥实体的协调，如队形控制、行动控制、火力分配、火力召唤、情况报告等。部队指挥决策是指陆军部队师、旅、团级别的决策，其指挥决策内容主要涉及任务区分、兵力编组、目标分配、指令下达等。分队指挥决策和部队指挥决策依据作战模式的不同，其决策流程和内容亦有较大差异。在传统作战模式下，分队指挥决策流程是决策模式匹配、任务区分、力量编组、态势监视、指挥控制。部队指挥决策流程是明确目标、分析态势、确定决策模式、选择决策组合、区分任务、建立战斗编组、按实体下达包含具体行动步骤的战斗命令。而在信息化作战模式下，分队指挥决策流程是编组区分、任务区分、精确化指挥、区域区分。部队指挥决策流程是划分栅格化任务区、形成任务区清单、形成目标清单、区分小型化任务编组、任务单位匹配、组织网络化力量体系、组织信息共享、按实体下达包含精确打击、占领与控制等步骤的战斗命令。可见，在传统作战模式和信息化作战模式下，指挥决策的主要区别在于兵力、任务、火力的精确化指挥与控制上。因此，在进行指挥决策行为描述时，必须注重对精确化指挥与控制逻辑和流程的描述。

(二) 作战仿真实体关系

作战仿真实体规模可多达十几甚至几十、上百类，每一类又分为多个不同的级别，实体内部以及实体与实体之间的关系错综复杂。概括起来，作战仿真实体关系可以分为分类关系、组合关系和关联关系 3 类。

1. 分类关系

分类关系用于描述问题空间内各类实体的类属层次关系，高层类概括了低层类的公共特性，低层类在继承高层类特性的基础上进行特化扩展，这种关系表示了现实世界中的通用性和专用性。借助分类可以对问题域的信息进行分层,把公共的信息放在较高的层次、把专用的信息放在较低的层次上进行扩展。如指挥控制实体类型可以分为师、旅、团野战指挥所和师、旅、团装甲指挥车。

2. 组合关系

组合关系用于描述一个实体及其组成部分的关系。如坦克排实体可以由多个单坦克实体组合而成。

3. 关联关系

关联关系描述了两个实体活动过程中在同一领域可能存在的交互。陆军作战仿真实体之间的关联关系主要有以下几类:

(1) 邻接关系

邻接关系是两个实体之间有合作或攻击可能性的一种空间关系。包括以下几种情况:一是在视距内,即两个实体之间,一个实体在另一个实体的物理视距内的空间关系。二是在支援范围内,即两个实体之间,一个实体可以支援另一个实体的空间关系。该实体实际上可以不支援,但是有支援的能力。三是在射程内,即两个实体之间,一个实体可以向另一个实体开火的空间关系。

(2) 指挥关系

指挥关系是一个实体通过交互决定另一个实体行为的关系。

(3) 控制关系

控制关系是两个实体之间的上下级关系。其中,上级实体能向下级实体指派任务和目标。

(4) 通信关系

通信关系是两个实体之间信息交换的关系。通信关系可以是人与人、人与装备或装备与装备间的关系。

(5) 组织关系

组织关系是一个指挥机构内部间的联系,包括至少一名指挥员和其他人或者组织。

(6) 支持关系

支持关系是一个实体辅助另一个实体达成目标的关系，包括执行任务时平等地参与行动和功能性支持。

(7) 供应关系

供应关系是在两个实体之间，一个实体对另一个实体提供必需品的关系。供应涉及对存储品的获取、分发和维持关系，还包括决定供应的种类和数量，如补给的弹药、油料、给养、被装以及补给基数等。

(8) 协作关系

协作关系是表示两个实体因为有共同意图而存在着的通信和支持关系，但指挥或支援关系不是十分紧密。

(9) 拥有关系

拥有关系是一个实体和非生命实体之间的关系，表示该实体有对非生命实体的使用或处置的权利。

(10) 操作关系

操作关系是一个实体和非生命实体之间的关系，表示该实体为了调节非生命实体的行为而与之进行的交互。

二、仿真实体组件化建模机制设计

在军事仿真领域，仿真实体涉及类型多、层次广，每一类仿真实体描述粒度又千差万别，在采用组件化建模方法进行实体建模时，必须建立一套完善的建模机制来指导实体组件模型的设计。

军事仿真通常是在作战编成的基础上，以作战想定为统揽、以作战仿真对象为核心、以作战任务为牵引，通过统一调度控制各种资源来达到仿真目的。基于此，在进行仿真实体组件化建模机制设计时，按照方案、单元、对象、组件 4 个层次进行抽象，如图 3 - 3 所示。

如图 3 - 3 所示，方案对应作战想定，代表由若干单元聚集而成的作战编

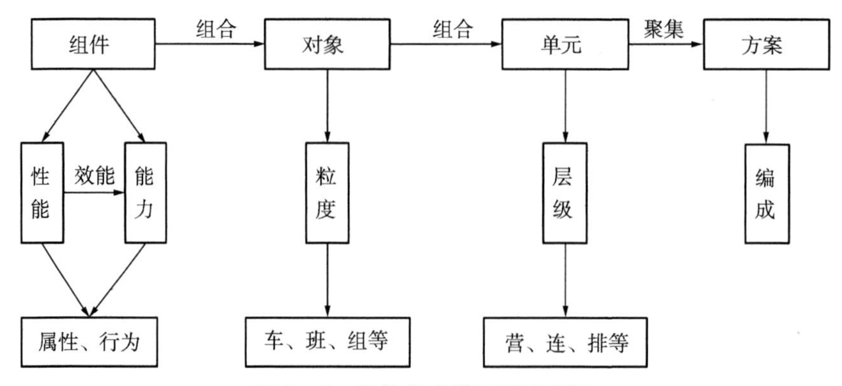

图 3-3　组件化建模机制原理图

成。单元对应建模的层级，代表实体描述的级别范畴，如营、连、排等。对象对应建模的粒度，代表实体描述的最小分辨率，如车、班、组等。组件对应具体的功能模块，代表实体具备的功能，可依据实体的物理性能或能力进行划分。其中，物理性能侧重于装备本身的物理属性；能力是按照应用的需求对装备性能体现的效能进行的抽象。

单元、对象、组件在描述实体时，除了在描述级别和层次方面体现出的属性有别之外，其最主要的区别在于实体行为的描述上，主要体现在单元侧重于指挥决策的描述，对象侧重于行动决策的描述，组件侧重于动作决策的描述，如图 3-4 所示。

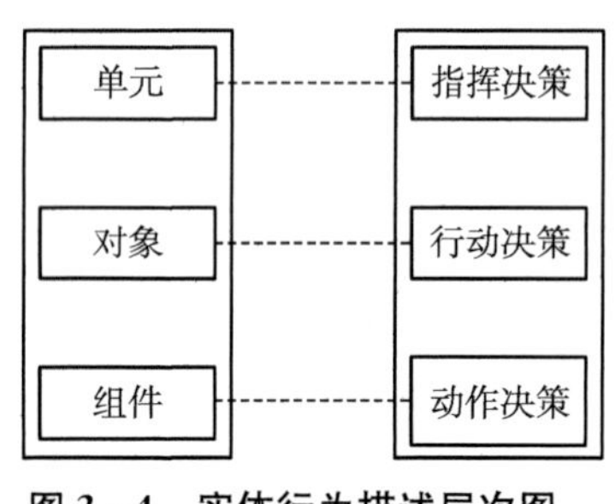

图 3-4　实体行为描述层次图

其中，指挥决策是指对应实体级别所体现出的指挥控制，如队形控制、任务区分、火力区分、兵力调度等。行动决策是指实体执行系列行动的逻辑，如执行攻击任务时应进行机动、侦察、打击、隐蔽等系列行动。执行弹药保障任务时应执行装载、机动、供给、撤离等系列行动。动作决策是指组件实现其功能的逻辑，如机动组件实现战术机动须进行地形判别、天候辨别、油料判别以及考虑战术背景影响等。

在上述组件化建模机制中，部分构成整体的思想贯穿始终，具体表现在：各类不同的功能组件组合形成对象，对象按照部队编成和任务区分又构成单元，多个单元聚集形成方案，方案最终作为陆军作战仿真实体管理的主基线。同时，单元和对象还具有信息交互的能力，可以处理仿真实体之间各种复杂的信息交互。采用方案、单元、对象、组件的组织方式，可以较好地适应陆军作战仿真实体类型多、层次广、分辨率不统一的特点，便于在概念和逻辑上与客观世界中描述的实体要素保持一致。

三、仿真实体组件模型体系设计

实体组件模型体系是在实体要素分析的基础上，采用组件化建模方法，对实体的组织结构、行为特征按照功能属性或者任务属性拆分的原则进行的逻辑组织。仿真实体组件模型包括物理组件、行为组件、辅助组件以及管理器组件四大类，其体系结构如图 3 - 5 所示。

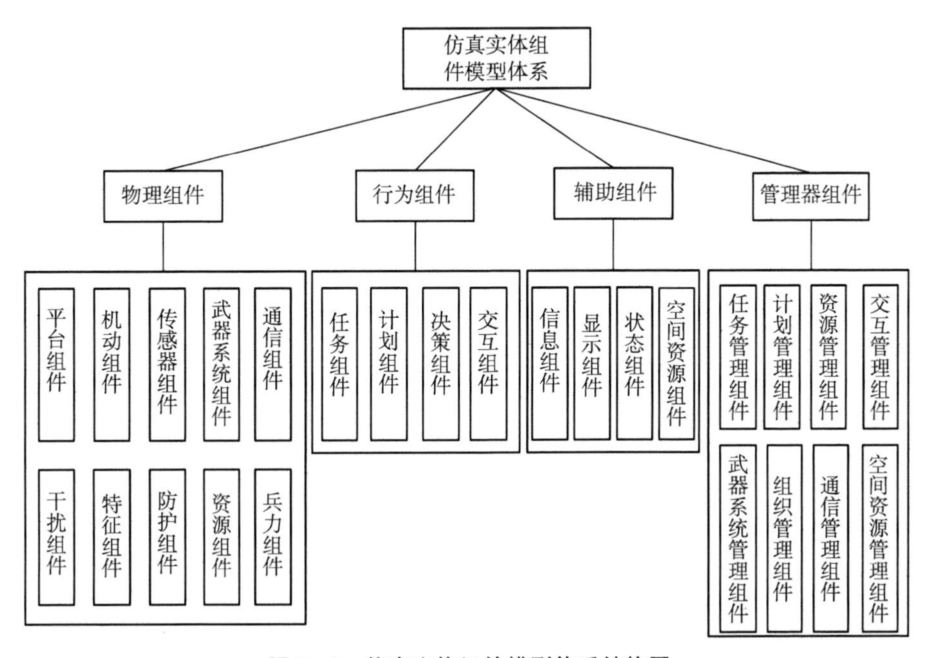

图 3 - 5　仿真实体组件模型体系结构图

其中,物理组件主要侧重于描述仿真实体的物理组成及功能特性,包括平台组件、机动组件、传感器组件、武器系统组件、通信组件、干扰组件、特征组件、防护组件、资源组件、兵力组件等。各组件具体内容及功能描述如表3-4所示。

表3-4 物理组件分类表

序号	组件名称	分类	描述
1	平台组件	装甲平台、车辆平台、直升机平台、无人机平台、导弹平台、固定指挥所平台、兵力平台、雷场平台、工事平台、障碍平台等	描述仿真实体的物理属性,如长度、宽度、高度、质量、载重量等
2	机动组件	徒步机动组件、履带机动组件、轮式机动组件、旋转翼机动组件、导弹机动组件等	描述仿真实体的运动功能
3	传感器组件	光学传感器组件、声音传感器组件、雷达传感器组件等	描述仿真实体的探测功能
4	武器系统组件	枪械武器系统组件、火炮武器系统组件、导弹武器系统组件等	描述仿真实体的武器系统性能
5	通信组件	电台通信组件、微波通信组件等	描述仿真实体的信息传递设备性能
6	干扰组件	光学干扰组件、声音干扰组件、雷达干扰组件等	描述仿真实体的干扰性能
7	特征组件	块状特征组件、柱状特征组件、面状特征组件等	描述仿真实体的外部特征
8	防护组件	普通防护组件、装甲防护组件等	描述仿真实体的防护性能
9	资源组件	弹药资源组件、油料资源组件、给养资源组件等	描述仿真实体所携带的各种资源数量及性能
10	兵力组件	指挥兵力组件、战斗兵力组件等	描述仿真实体中不同职能角色的指挥素养和作战技能

行为组件主要侧重于描述仿真实体的分析和决策功能,包括任务组件、计划组件、决策组件、交互组件等。各组件具体内容及功能描述如表3-5

所示。

表 3-5　行为组件分类表

序号	组件名称	分类	描述
1	任务组件	火力打击任务组件、攻击任务组件、防御任务组件、反冲击任务组件、抗反冲击任务组件等	描述仿真实体担负执行的各类作战任务
2	计划组件	火力打击计划组件、行军计划组件、弹药保障计划组件等	描述制定的作战计划
3	决策组件	目标选择逻辑组件、火力区分逻辑组件、武器选择逻辑组件、弹药选择逻辑组件、编队逻辑组件、打击原则逻辑组件、遇袭处理逻辑组件等	描述各种逻辑判断规则
4	交互组件	交火交互组件、通信交互组件、探测交互组件、指挥交互组件等	描述各种交互信息

辅助组件主要侧重于描述仿真实体的附加信息以及可视化显示信息等，包括信息组件、显示组件、状态组件、空间资源组件等。各组件具体内容及功能描述如表 3-6 所示。

表 3-6　辅助组件分类表

序号	组件名称	分类	描述
1	信息组件	军事信息组件	描述实体的静态军事信息，如单位代字、番号、隶属、军标号等
2	显示组件	点军标显示组件、线军标显示组件、图片显示组件、自定义图形显示组件等	描述实体的外部形状显示属性
3	状态组件	车辆状态组件、飞机状态组件、兵力状态组件、工事状态组件、障碍状态组件等	描述实体的当前状态信息，如位置、角度、伤亡状态、当前态势等
4	空间资源组件	面空间资源组件、线空间资源组件、点空间资源组件等	描述作战空间中的作战区域、航迹线、目标点等

管理器组件主要提供对仿真实体的管理和维护功能，包括任务管理组

件、计划管理组件、资源管理组件、武器系统管理组件、交互管理组件、组织管理组件、通信管理组件、空间资源管理组件等。各组件的具体功能及功能描述如表 3－7 所示。

表 3－7　管理器组件分类表

序号	组件名称	描述
1	任务管理组件	按照任务优先级对实体执行的任务进行管理和维护
2	计划管理组件	按照时间顺序对计划进行管理和维护
3	资源管理组件	对实体的各类资源组件进行集中管理
4	武器系统管理组件	对实体搭载的武器系统组件进行统一管理和调度
5	交互管理组件	对实体接收的各类交互信息进行管理和分发
6	组织管理组件	对实体在编成中所处的层级结构进行管理，属全局管理器
7	通信管理组件	对通信网络拓扑结构、通信节点、通信链路进行管理和维护，属全局管理器
8	空间资源管理组件	对作战区域、阵地区域、陆航航线、侦察路线等空间信息资源进行管理，属全局管理器

(一) 仿真实体组件模型接口设计

仿真实体组件模型接口规定了组件模型的访问形式和参数说明。组件模型可采用如下二元组进行抽象描述：

Component ::= < Type, Interface >

在上述二元组中，组件模型包括两个核心要素：一是组件模型的类型标志，其主要用于标志和区分物理组件、行为组件、辅助组件以及管理器组件的具体实现。二是组件模型的接口定义，其规定了组件对外提供功能服务和交互的最小函数集，所有的接口函数均为纯虚函数。组件模型接口 IComponent 定义如图 3－6 所示。

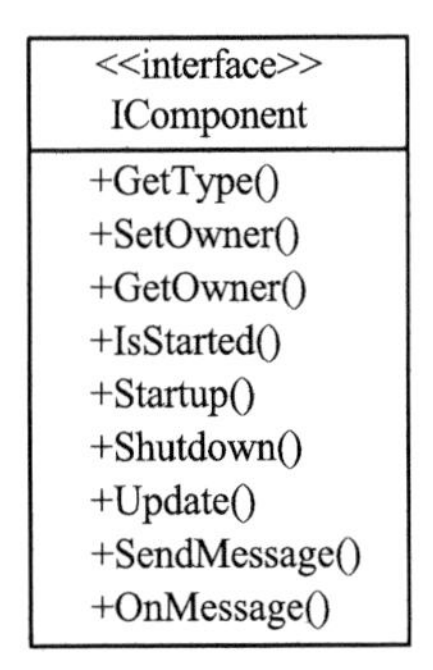

图 3 - 6　IComponent 抽象接口图

其中：

- GetType()接口函数提供获取组件类型功能；
- SetOwner()接口函数提供设置组件所依附的对象容器功能；
- GetOwner()接口函数提供获取组件所依附的对象容器功能；
- IsStarted()接口函数提供获取组件是否处于启动状态；
- Startup()接口函数提供启动组件功能，该函数主要进行与组件相对应的初始化工作，如分配内存、变量初始化、资源加载等；
- Shutdown()接口函数提供关闭组件功能，该函数主要进行与组件相对应的关闭工作，如释放内存、资源卸载等；
- Update()接口函数提供组件更新功能，该函数主要进行组件内逻辑的循环控制；
- SendMessage()接口函数提供向组件发送消息功能；
- OnMessage()接口函数提供消息响应处理功能。

物理组件、行为组件、辅助组件以及管理器组件的具体实现均派生于 IComponent 接口，并依据该接口定义和自身功能需要进行拓展。

（二）仿真实体物理组件设计

物理组件实现对仿真实体物理组成及功能特性的仿真，对应实体上某一部件的功能，只关注组件自身业务逻辑，不对作战中的指挥和决策行为进行仿真。

1. 平台组件

平台组件实现对仿真实体所依存的物理载体的仿真，主要描述仿真实体的各种物理属性如长度、宽度、高度、质量、载重量、幅员等，以用于支持实体搭载数量判断、桥梁承重判断、隧道涵洞限高判断以及战场密度控制等军事应用。依据承载方式可对平台组件进行分类，如图 3－7 所示。

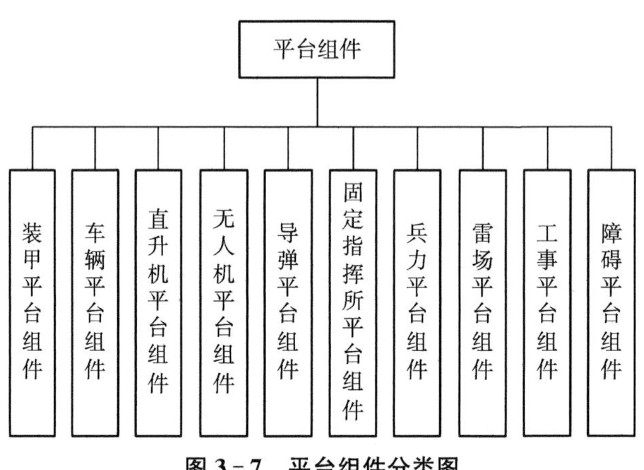

图 3－7　平台组件分类图

其中，装甲平台组件主要描述以轻装甲或复合装甲为依托的地面作战载体，如坦克、装甲输送车、步兵战斗车、装甲指挥车等。车辆平台组件主要描述轮式运输车辆载体，如卡车、油罐加油车、吉普车等。直升机平台组件主要描述各类直升机载体，如武装直升机、运输直升机、侦察直升机等。无人机平台组件主要描述各类无人机载体，如侦察无人机、干扰无人机、通信无人机等。导弹平台组件主要描述各类陆军导弹，如反坦克导弹、地对空导弹、地对地导弹等。固定指挥所平台组件主要描述各类固定式指挥载体，如地下指挥所、指挥大楼、指挥帐篷等。兵力平台组件主要描述执行作战任务的编组单位，如步兵班、反坦克组、狙击组、坦克车组、导弹发射作业组等。雷场平台组件主要描述各类反坦克雷场、反步兵雷场以及反坦克反步兵混合雷场载体。工事平台组件主要描述各类碉堡、掩体、坑道等载体。障碍平台组件主要描述堑壕、铁丝网、轨条砦、石障等载体。

依据上述分类，采取先接口设计后功能设计的原则来设计平台组件的程序结构。平台组件接口 IPlatformComponent 派生于组件模型接口 IComponent，其定义了平台组件对外提供服务的函数集，各类平台组件通过实现规定的接口来提供具体功能。平台组件程序结构如图 3－8 所示。

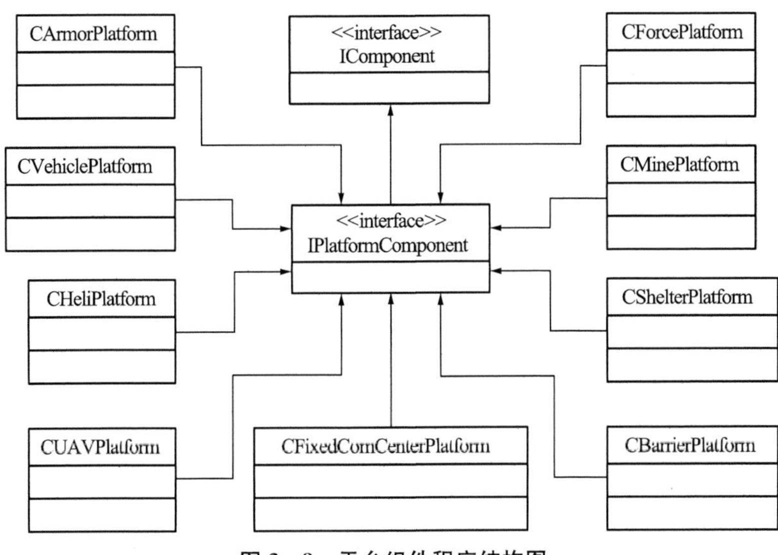

图 3－8　平台组件程序结构图

2. 机动组件

机动组件实现对仿真实体运动过程的仿真，主要描述仿真实体在地理环境、气象环境以及战术环境等综合作用下的运动方式和运动特性。依据运动方式可对机动组件进行分类，如图3－9所示。

其中，徒步机动组件主要描述以徒步方式进行的运动，如徒步步兵的机动。履带机动组件主要描述依托履带进行的运动，如坦克、装甲车、步兵战斗车等的机动。轮式机动组件主要描述依托轮胎进行的运动，如卡车、轮式侦察车、摩托车等的机动。旋转翼机动组件主要描述以螺旋桨驱动飞行的运动，如各型直升机以及无人机等的机动。导弹机动组件主要描述导弹空中飞行的运动方式。水面机动组件主要描述在水面上进行的运动

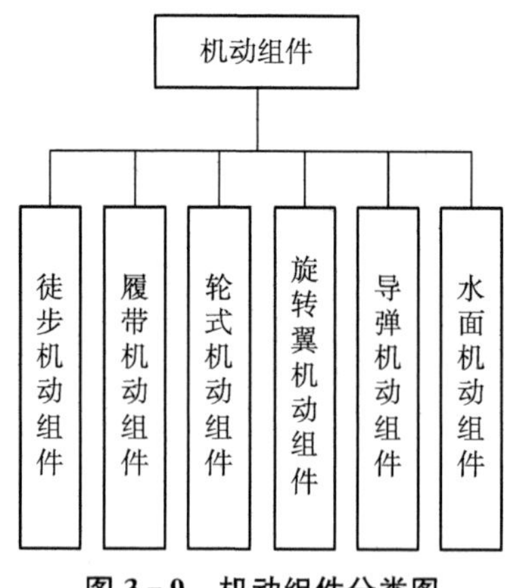

图 3－9　机动组件分类图

方式。

依据上述分类，采用先接口设计后功能设计的原则来设计机动组件的程序结构。机动组件接口 IMotionComponent 派生于组件模型接口 IComponent，其定义了机动组件对外提供服务的函数集，各类机动组件通过实现规定的接口来提供具体功能。机动组件程序结构如图 3－10 所示。

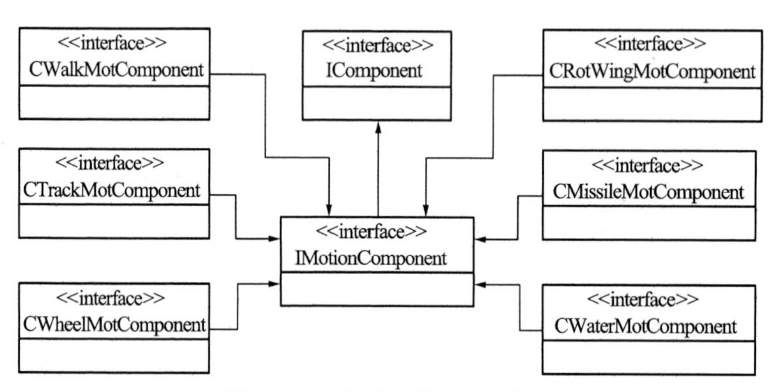

图 3－10　机动组件程序结构图

3. 传感器组件

传感器组件实现对探测设备的仿真，主要描述仿真实体基于可见光学、雷达、声音、红外等探测方式的探测能力。传感器组件分类如图3－11 所示。

其中，可见光学传感器组件主要描述通过可见光频率来探测目标的探

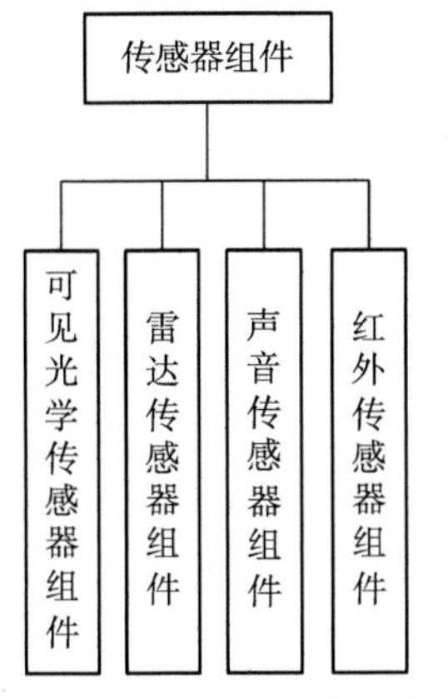

图 3-11　传感器组件分类图

测设备，如潜望镜、目视、望远镜等探测设备。雷达传感器组件主要描述通过雷达波来探测目标的探测设备，如炮兵搜索雷达、防空雷达、地面目标探测雷达等探测设备。声音传感器组件主要描述通过声音分贝的高低来探测目标的探测设备。红外传感器组件主要描述通过红外信号来探测目标的探测设备。

依据上述分类，采用先接口设计后功能设计的原则来设计传感器组件的程序结构。传感器组件接口 ISensorComponent 派生于组件模型接口 IComponent，其定义了传感器组件对外提供服务的函数集，各类传感器组件通过实现规定的接口来提供具体功能。传感器组件程序结构如图 3-12 所示。

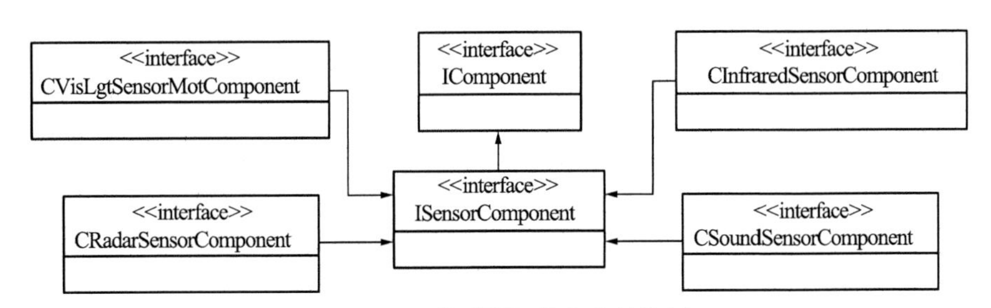

图 3-12　传感器组件程序结构图

4. 武器系统组件

武器系统组件实现对仿真实体发射武器弹药的能力和过程的仿真，主要描述仿真实体配备的各型枪、炮、导弹发射系统等武器的打击能力。武器系统组件分类如图 3－13 所示。

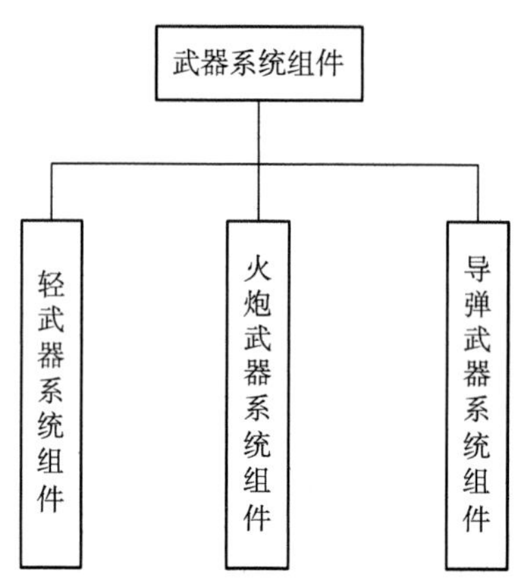

图 3－13　武器系统组件分类图

其中，轻武器系统组件主要描述以手枪、步枪、冲锋枪、轻机枪等实施打击的武器系统。火炮武器系统组件主要描述以坦克炮、榴弹炮、加农炮、反坦克炮、迫击炮、火箭炮等实施打击的武器系统。导弹武器系统组件主要描述以反坦克导弹、地对空导弹、地对地导弹等实施打击的武器系统。

依据上述分类，采用先接口设计后功能设计的原则来设计武器系统组件的程序结构。武器系统组件接口 IWeaponSystemComponent 派生于组件模型接口 IComponent，其定义了武器系统组件对外提供服务的函数集，各类武器系统组件通过实现规定的接口来提供具体功能。武器系统组件程序结构如图 3－14 所示。

5. 通信组件

通信组件实现对仿真实体之间信息交互设备和过程的仿真，主要描述各类电台通信、微波通信、卫星通信、通信路由中继等。通信组件分类如图 3－15 所示。

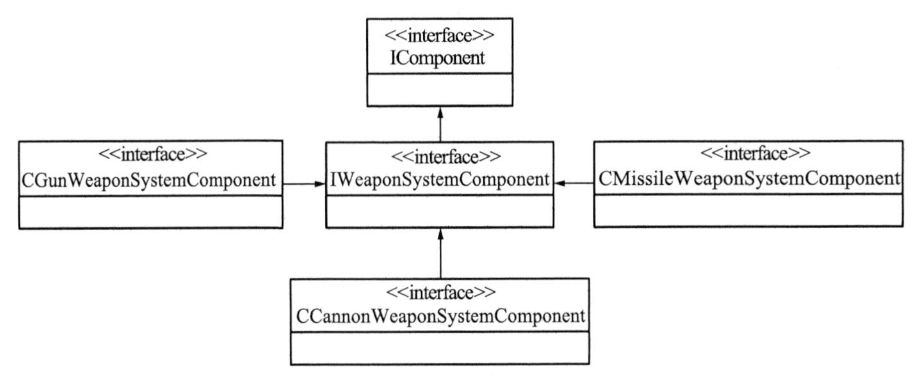

图 3-14　武器系统组件程序结构图

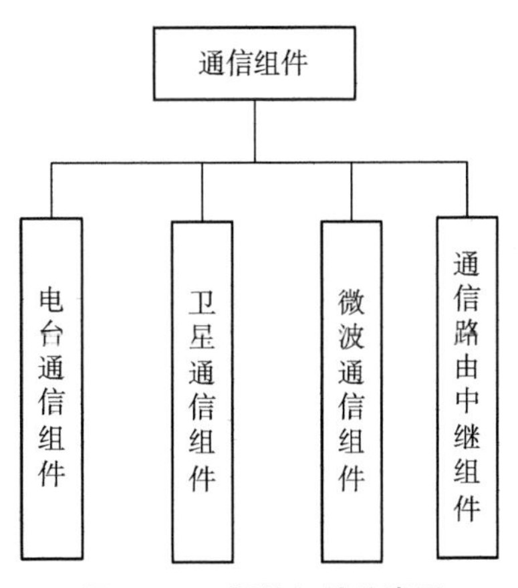

图 3-15　通信组件分类图

其中,电台通信组件主要描述以长波电台、短波电台、超短波电台、跳频电台等实施通信的方式。卫星通信组件主要描述借助通信卫星实施通信的方式。微波通信组件主要描述以微波方式实施通信的方式。通信路由中继组件主要描述通信路由和通信中继的工作方式和过程。

依据上述分类,采用先接口设计后功能设计的原则来设计通信组件的程序结构。通信组件接口 ICommunicationComponent 派生于组件模型接口 IComponent,其定义了通信组件对外提供服务的函数集,各类通信组件通过实现规定的接口来提供具体功能。通信组件程序结构如图 3-16 所示。

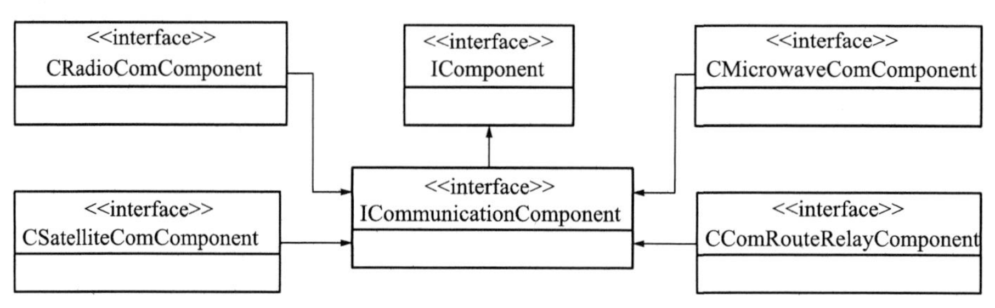

图 3-16　通信组件程序结构图

6. 干扰组件

干扰组件实现对仿真实体对敌方实施压制或降低其探测效果、通信效果、制导定位效果等过程的仿真，主要描述对可见光、雷达、无线电通信设备以及电子制导系统产生的干扰。干扰组件分类如图 3-17 所示。

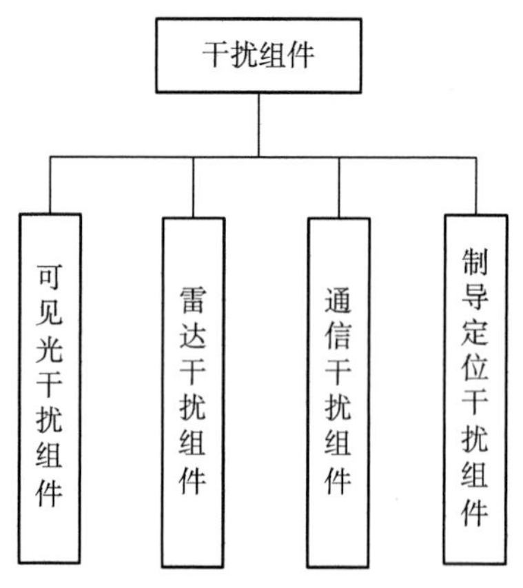

图 3-17　干扰组件分类图

其中，可见光干扰组件主要描述对采用潜望镜、望远镜、观瞄镜等探测设备进行搜索探测的探测方式实施的干扰，如烟雾干扰。雷达干扰组件主要描述对各种探测雷达、搜索雷达、定位雷达等实施的干扰。通信干扰组件主要描述对各类长波电台、短波电台、超短波电台等实施的干扰。制导定位干扰组件主要描述对各类红外制导、激光制导以及 GPS 定位等实施的干扰。

依据上述分类，采用先接口设计后功能设计的原则来设计干扰组件的程序结构。干扰组件接口 IJamComponent 派生于组件模型接口 IComponent，其定义了干扰组件对外提供服务的函数集，各类干扰组件通过实现规定的接口来提供具体功能。干扰组件程序结构如图 3-18 所示。

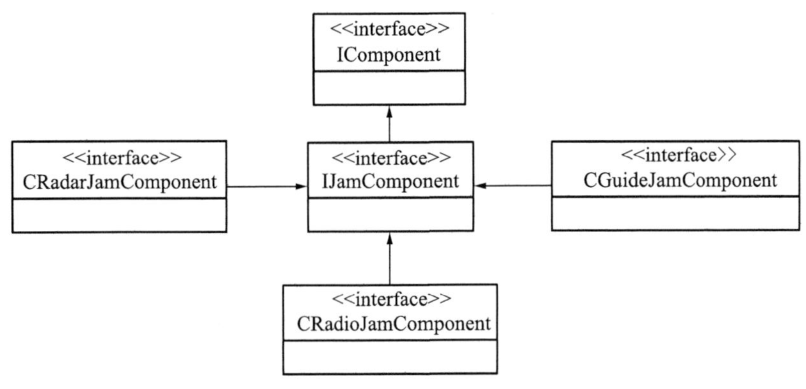

图 3-18　干扰组件程序结构图

7. 特征组件

特征组件实现对仿真实体所表现出的形状特征、材料特性以及声学特征的仿真，主要描述陆军作战仿真实体所表现出的可见光特征、雷达反射截面、声音特征、红外特征等。特征组件分类如图 3-19 所示。

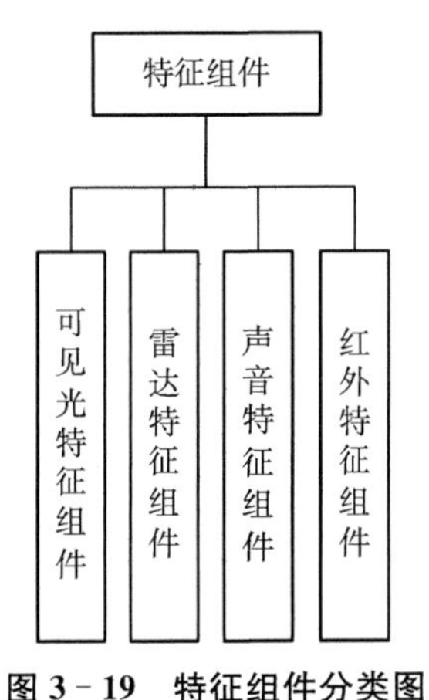

图 3-19　特征组件分类图

其中，可见光特征组件主要描述仿真实体的外部轮廓形状，如点状、线状、面状等特征。雷达特征组件主要描述仿真实体的雷达反射特性。声音特征组件主要描述仿真实体的声学特征，如分贝大小、频率高低等。红外特征组件主要描述仿真实体的红外特征，如红外信号频率、红外轮廓等。

依据上述分类，采用先接口设计后功能设计的原则来设计特征组件的程序结构。特征组件接口 ICharactComponent 派生于组件模型接口 IComponent，其定义了特征组件对外提供服务的函数集，各类特征组件通过实现规定的接口来提供具体功能。特征组件程序结构如图 3-20 所示。

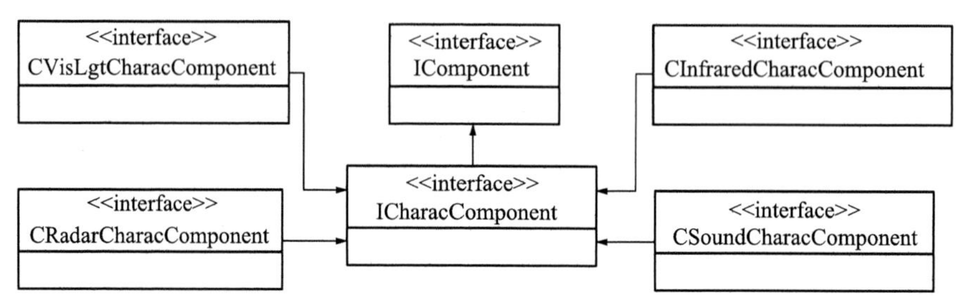

图 3-20　特征组件程序结构图

8. 防护组件

防护组件实现对仿真实体防护能力的仿真，依据仿真实体所表现出的防护特性，防护组件主要描述轻型防护、装甲防护、钢筋混凝土防护、核生化防护等。防护组件分类如图 3-21 所示。

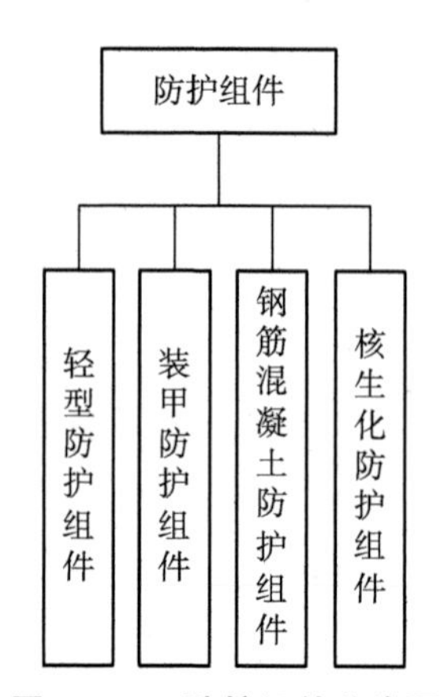

图 3-21　防护组件分类图

其中，轻型防护组件主要描述采用轻型防弹装备实施的防护方式以及其防护效果。装甲防护组件主要描述采用各种主动、被动装甲实施的防护方式以及其防护效果。钢筋混凝土防护组件主要描述采用钢筋混凝土构筑或加固的各种工事、掩体实施的防护方式以及其防护效果。核生化防护组件主要描述对核沾染、生物武器、化学武器等进行的防护效果。

依据上述分类，采用先接口设计后功能设计的原则来设计防护组件的程序结构。防护组件接口 IProtectComponent 派生于组件模型接口 IComponent，其定义了防护组件对外提供服务的函数集，各类防护组件通过实现规定的接口来提供具体功能。防护组件程序结构如图 3-22 所示。

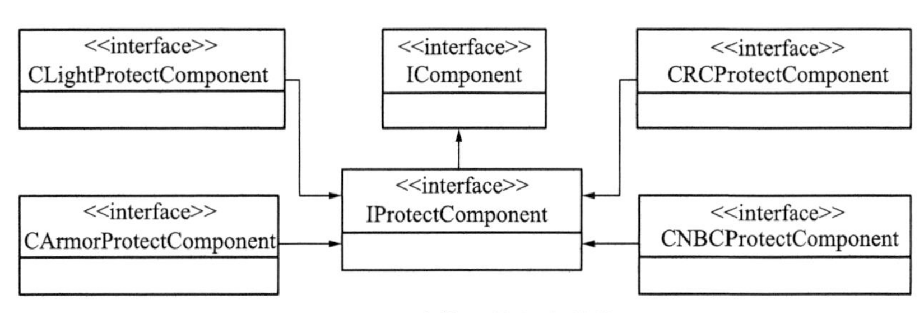

图 3-22　防护组件程序结构图

9. 资源组件

资源组件实现对仿真实体所配备的各类资源的仿真，主要描述各类弹药、油料、给养等资源。资源组件分类如图 3-23 所示。

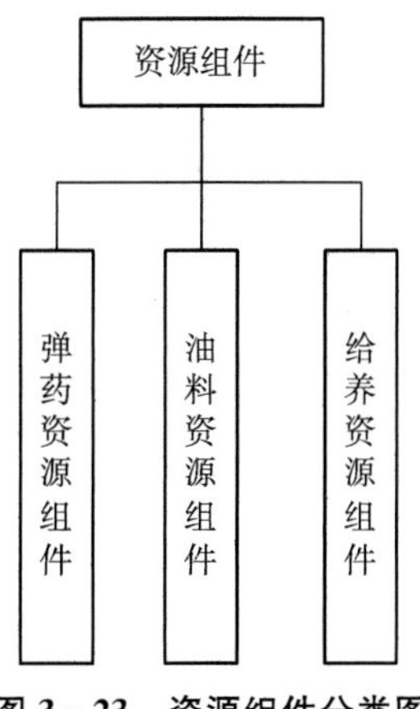

图 3-23　资源组件分类图

其中，弹药资源组件主要描述各类榴弹、穿甲弹、破甲弹、制导炮弹、枪弹、杀爆弹等弹药资源。油料资源组件主要描述汽油、军用柴油资源。给养资源组件主要描述水、米、面、被装等资源。

依据上述分类，采用先接口设计后功能设计的原则来设计资源组件的程序结构。资源组件接口 IResourceComponent 派生于组件模型接口 IComponent，其定义了资源组件对外提供服务的函数集，各类资源组件通过实现规定的接口来提供具体功能。资源组件程序结构如图 3－24 所示。

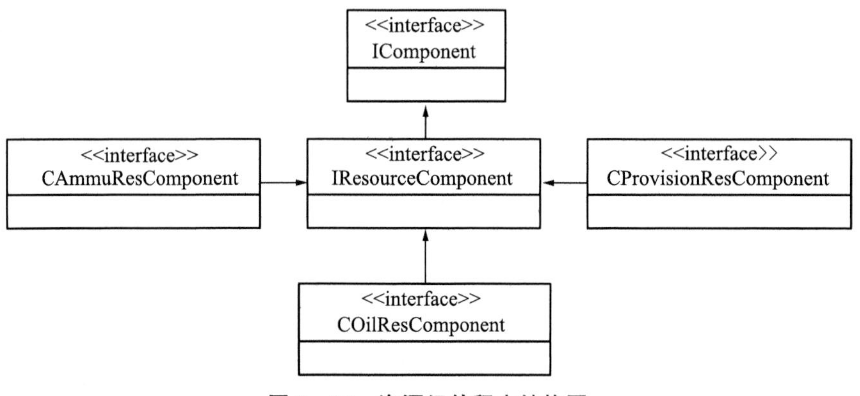

图 3－24　资源组件程序结构图

10. 兵力组件

兵力组件实现对仿真实体中人员的仿真，主要描述仿真实体中不同职能角色的指挥素养和作战技能。兵力组件分类如图 3－25 所示。

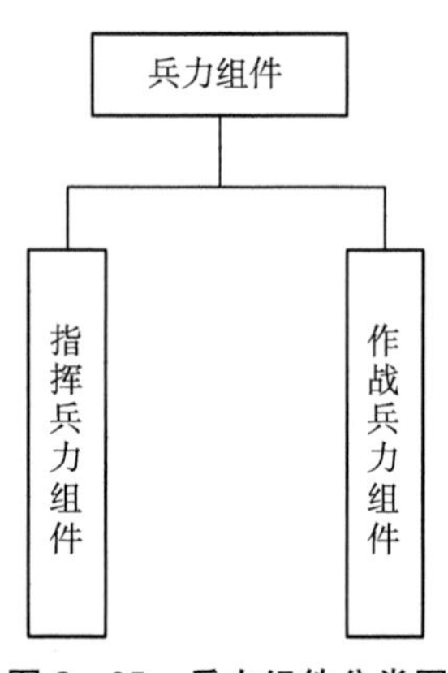

图 3－25　兵力组件分类图

其中，指挥兵力组件主要描述指挥员的心理素质、指挥素养以及作战意志等。作战兵力组件主要描述战斗人员的作战意志、战斗技能、心理素质等。

依据上述分类，采用先接口设计后功能设计的原则来设计兵力组件的程序结构。兵力组件接口 IForceComponent 派生于组件模型接口 IComponent，其定义了兵力组件对外提供服务的函数集，各类兵力组件通过实现规定的接口来提供具体功能。兵力组件程序结构如图 3-26 所示。

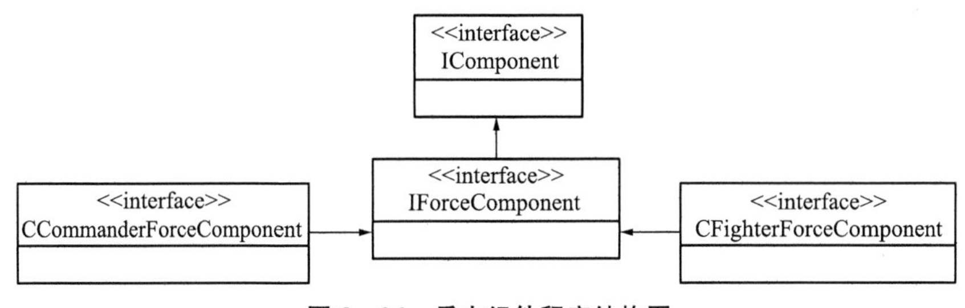

图 3-26　兵力组件程序结构图

（三）仿真实体行为组件设计

行为组件实现对仿真实体的作战任务、指挥任务、作战计划、战术规则、指挥决策规则、行为动作规则以及指挥控制进行仿真。模拟其在作战过程中的认知行为，如坦克连进攻任务、炮兵群火力打击计划、目标选择规则、火力分配规则以及指挥、交战、跟踪、探测交互等。行为是仿真实体能力的体现，通过加载或卸载实体相应的行为组件，灵活赋予或限制实体的能力，提高行为仿真模型的灵活性、可维护性以及可重用性。

1. 任务组件

任务组件实现对仿真实体担负的系列作战行动的仿真，主要描述执行作战行动全周期过程中的业务流程和控制逻辑。任务组件按照作战单元在作战中执行的行动样式进行区分，以遂行的任务来确定所需力量，以栅格化战场作为空间依托，以执行任务所需的作战要素构成、作战力量实力对比、栅格化任务区域内目标与任务单位匹配情况、基于机动能力和地形起伏的预估时间与任务时限要求对比等作为任务的静态检验条件，通过栅格化任务牵引基于任务的作战力量编组来实现任务驱动下的行为仿真。由于任务的具体类型样式繁多，加上任务执行实体的类型和级别亦有所差别，任务组件只列出顶层的分类，在工程实践时可参考该分类原则以作战单元为牵引进行细分，如图 3－27 所示。

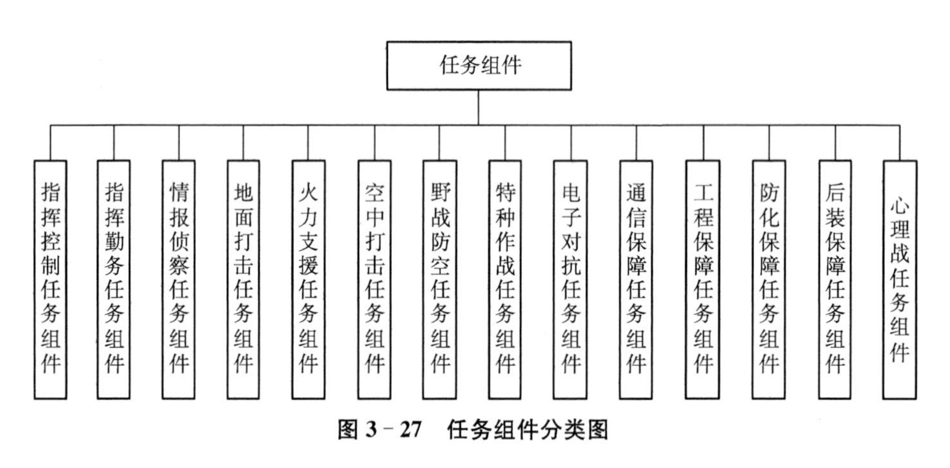

图 3－27　任务组件分类图

其中，指挥控制任务组件主要描述合成指挥、分队指挥等作战行动。指挥勤务任务组件主要描述指挥所开设、警戒、转移、撤收等作战行动。情报侦察任务组件主要描述机动、对空搜索侦察、对地光学侦察、红外侦察、微光侦察、雷达侦察、声测侦察、校射侦察、工程侦察、防化侦察、核爆探测、撤收等作战行动。地面打击任务组件主要描述集结、开进、展开、冲击、上车、下车、防御、构筑工事、破障等作战行动。火力支援任务组件主要描述集结、开进、占领阵地、撤收、战术机动、生存机动、射击等作战行动。空中打击任务组件主要描述机动、侦察搜索、装载、卸载、攻击、防护等作战行动。野战防空任务组件主要描述集结、开进、占领阵地、搜索、射击等作战行动。特种作战任务组件主要描述渗透、机降、引导、斩首、破坏等作战行动。电子对抗任务组件主要描述集结、开进、占领阵地、电子干扰、电子防护、撤收等作战行动。通信保障任务组件主要描述机动、架设通信网、通信抢修等作战行动。

工程保障任务组件主要描述集结、开进、展开、布雷、扫雷、设障、破障、筑城、伪装、架桥、撤收等作战行动。防化保障任务组件主要描述机动、洗消、发烟、撤收等作战行动。后装保障任务组件主要描述机动、弹药运输补给、油料运输补给、物资运输补给、装备抢修、人员救护、装备后送、人员后送等作战行动。心理战任务组件主要描述喊话、抛洒传单、策反等作战行动。

任务组件均派生于任务接口 IMission，任务接口定义了任务组件的执行条件检查、初始化、逻辑控制、优先级控制、任务调度控制等接口，所有的接口函数定义均为纯虚函数。任务组件程序结构及接口 IMission 定义如图 3－28所示。

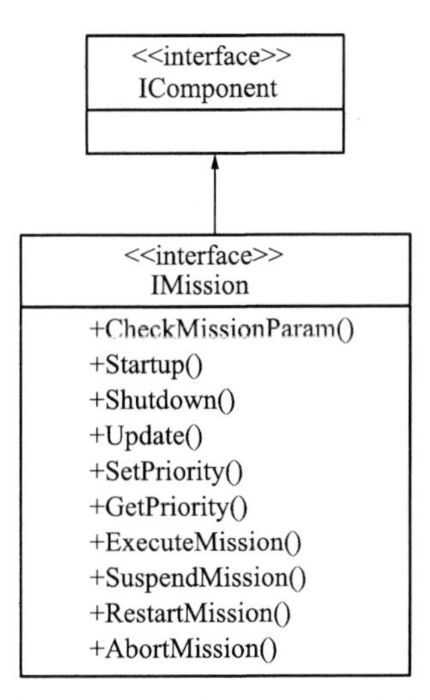

图 3－28　IMission 抽象接口图

其中：

- CheckMissionParam()接口函数提供检查任务参数以及执行条件功能；
- Startup()接口函数提供组件初始化功能；
- Shutdown()接口函数提供组件关闭功能；
- Update()接口函数提供组件更新功能，该函数主要进行任务组件内逻辑的循环控制；
- SetPriority()与 GetPriority()接口函数提供组件优先级控制功能；

• ExecuteMission()、SuspendMission()、RestartMission()、AbortMission()接口函数提供任务调度控制功能。

2. 计划组件

计划是仿真实体顺序执行的一组任务或者一组数据请求。计划组件实现对计划业务流程的仿真，主要描述计划的执行单位、执行条件和执行内容。由于作战行动过程和力量构成比较复杂，计划种类多种多样，计划组件只列出顶层的分类，在工程实践时可参考该分类原则进行细分，如图 3 - 29 所示。

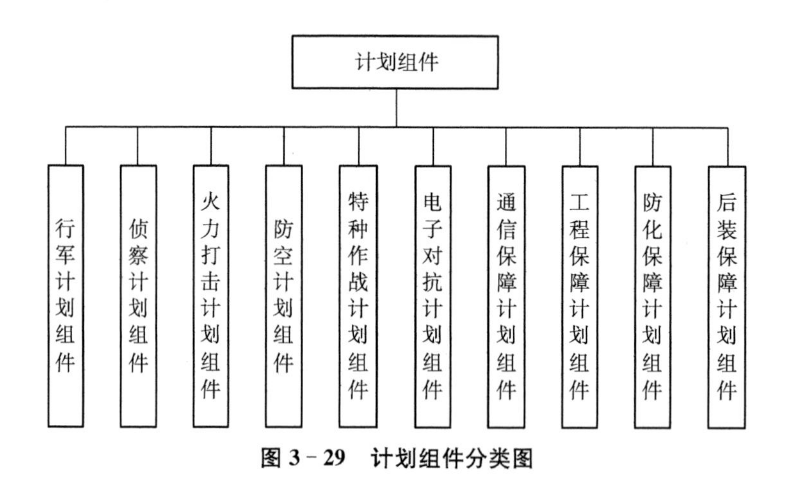

图 3 - 29　计划组件分类图

其中，行军计划组件主要描述行军的时间、路线等。侦察计划组件主要描述侦察的时间、目标、区域、路线等。火力打击计划组件主要描述打击的时间、目标、区域、持续时间等。防空计划组件主要描述防空的时间、区域等。特种作战计划组件主要描述计划的时间、任务类型、路线等。电子对抗计划组件主要描述开机时间、目标、方位、干扰频段、干扰强度等。通信保障计划组件主要描述计划的时间、保障类型、路线等。工程保障计划组件主要描述计划的时间、保障地点、保障单位、保障类型、路线等。防化保障计划组件主要描述计划的时间、路线、保障类型等。后装保障计划组件主要描述计划的时间、保障地点、保障单位、保障类型、路线等。

计划组件均派生于计划接口 IPlan，计划接口定义了计划组件的执行单位、触发条件、初始化、逻辑控制等接口，所有的接口函数定义均为纯虚函数。计划组件程序结构及接口 IPlan 定义如图 3-30 所示。

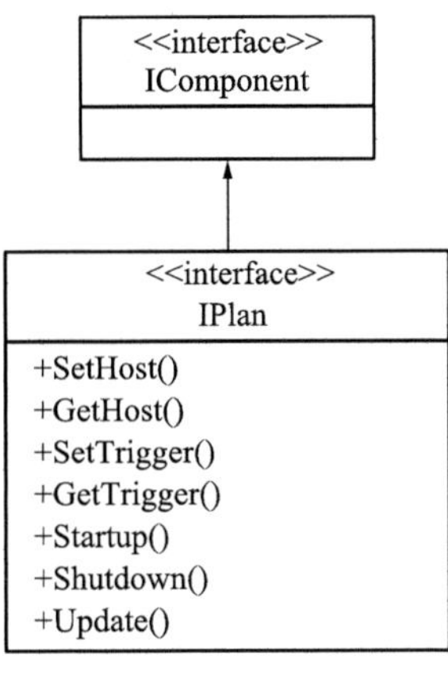

图 3-30　IPlan 抽象接口图

其中：

- SetHost()与 GetHost()接口函数提供设置获取计划执行单位功能；
- SetTrigger()与 GetTrigger()接口提供设置获取计划触发条件功能；
- Startup()接口函数提供组件初始化功能；
- Shutdown()接口函数提供组件关闭功能；
- Update()接口函数提供组件更新功能，该函数主要进行计划组件内逻辑的循环控制。

3. 决策组件

决策组件实现对仿真实体行为控制过程中的逻辑思维抉择的仿真，主要描述在行为决策时的判断准则，如选择打击目标的规则、火力分配的规则、武器选择的规则、弹药选择的规则、遭遇攻击时的处理规则、实施打击的原则以及编队队形的规则等。决策组件仅关注行为决策时的逻辑判断，而不仿真行为决策的控制流程。由于作战仿真过程中仿真实体的逻辑判断类型繁多，决策组件仅对接口进行定义，所有的决策组件派生于决策接口

IDecision，决策接口定义了决策组件的规则定义以及判断接口，所有的接口函数定义均为纯虚函数。决策组件程序结构及接口 IDecision 定义如图 3-31 所示。

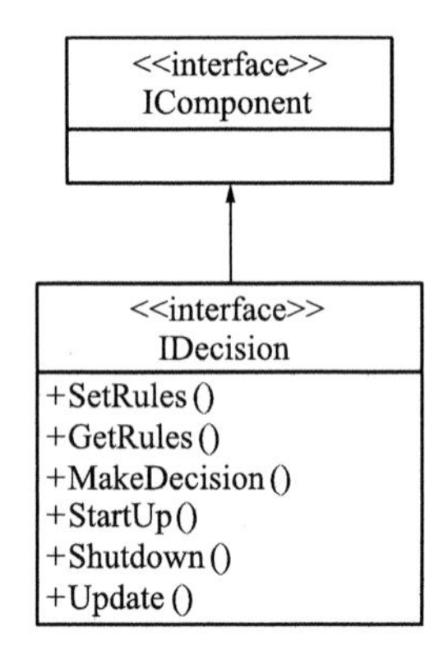

图 3-31 IDecision 抽象接口图

其中：

- SetRules()与 GetRules()接口函数提供设置获取决策规则功能；
- MakeDecision()接口提供决策判断功能；
- Startup()接口函数提供组件初始化功能；
- Shutdown()接口函数提供组件关闭功能；
- Update()接口函数提供组件更新功能，该函数主要进行决策组件内逻辑的循环控制。

4. 交互组件

交互组件主要实现对仿真实体之间信息传递以及信息处理能力的仿真，主要描述实体接收的交互信息与信息处理过程。交互组件的分类以仿真实体之间的关联关系为依据进行划分，仿真实体之间存在着邻接、指挥控制、通信、组织、支持、供应、协助、拥有以及操作等关联关系，通过将这些关联关系进行梳理，将邻接关系中的探测关系和交火关系分别通过探测交互和交火交互来描述，将支援关系、支持关系、协助关系通过支援交互来描述，将指挥控制关系、拥有关系、操作关系通过指挥交互来描述，将通信关系通过通信交互来描述，将供给关系通过供给交互来描述，从而实现对交互组件的分类，其分类如图 3－32 所示。

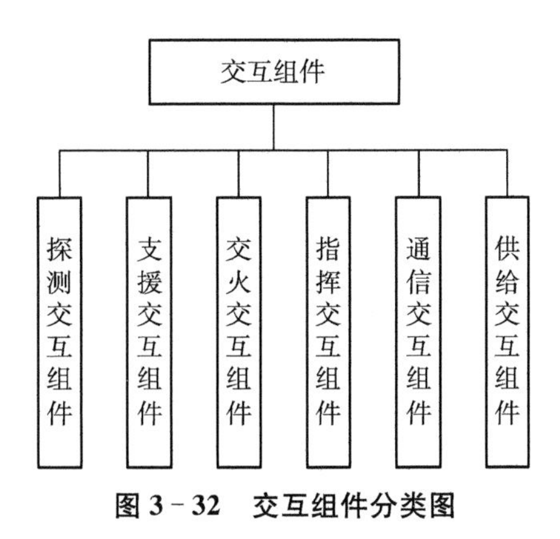

图 3－32　交互组件分类图

其中，探测交互组件主要实现对探测消息以及探测消息的处理功能。支援交互组件主要实现对兵力、火力支援消息以及相应的消息处理功能。交火交互组件主要实现对攻击消息以及攻击消息的处理功能。指挥交互组件主要实现对指挥控制消息以及相应的消息处理功能。通信交互组件主要实现对通信交互信息以及相应的消息处理功能。供给交互组件主要实现供给请求、供给通知消息以及相应的消息处理功能。

交互组件均派生于交互接口 IInteraction，交互接口定义了交互信息验证、初始化、逻辑控制等接口，所有的接口函数定义均为纯虚函数。交互组件程序结构及接口 IInteraction 定义如图 3－33 所示。

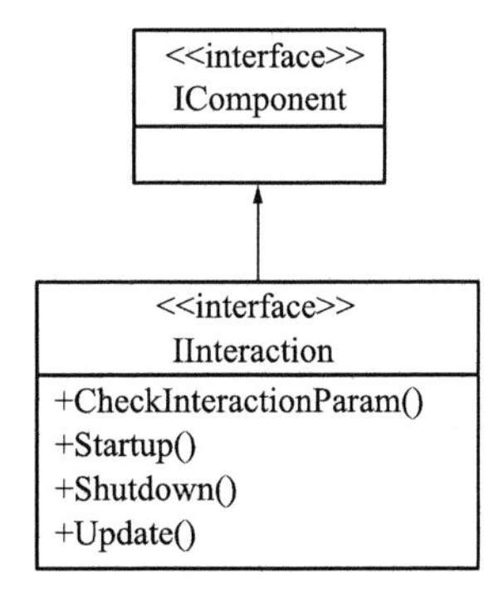

图 3－33　IInteraction 抽象接口图

其中：

• CheckInteractionParam()接口函数提供验证交互参数合法性功能；

• Startup()接口函数提供组件初始化功能；

• Shutdown()接口函数提供组件关闭功能；

• Update()接口函数提供组件更新功能，该函数主要进行交互组件内逻辑的循环控制。

（四）仿真实体辅助组件设计

1. 信息组件

信息组件主要描述仿真实体附属的静态军事信息，如实体的番号、隶属、兵种、级别等信息，以用于标识实体。由于信息组件描述内容比较简单，故不对信息组件进行细化分类。信息组件派生于信息接口 IInformation，信息接口定义了常用军事信息的添加、删除、查询、设置、获取等接口。信息组件程序结构及接口 IInformation 定义如图 3－34 所示。

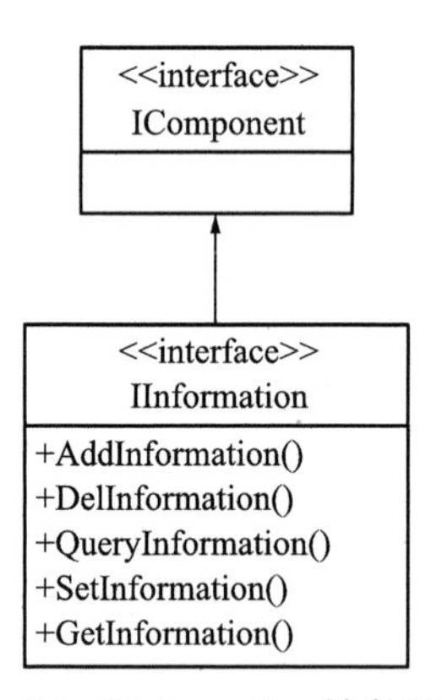

图 3－34　IInformation 抽象接口图

其中：

• AddInformation()与 DelInformation()接口函数提供添加删除属性信息功能；

• QueryInformation()接口函数提供查询属性信息功能；

• SetInformation()与 GetInformation()接口函数提供设置获取属性信息功能。

2. 显示组件

显示组件主要描述仿真实体的外部形状，通常以军队标号和自定义的图形符号予以表示。按照仿真实体所体现的形状特征，实体的外形主要分为点状、线状以及面状等类型。参照该分类标准和显示方式，显示组件可分为点军标显示组件、线军标显示组件、面军标显示组件以及自定义图形显示组件，其分类如图 3－35 所示。

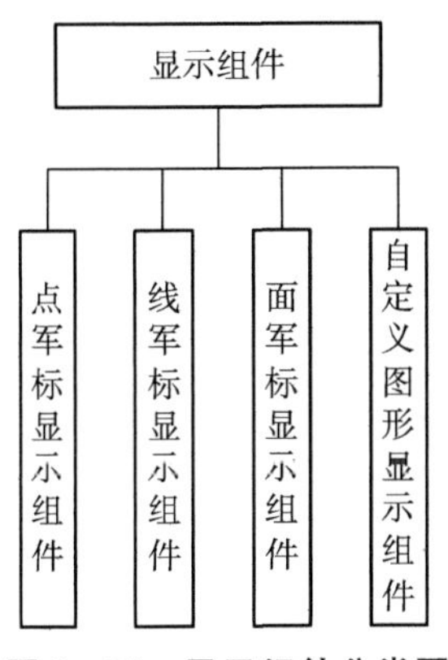

图 3－35　显示组件分类图

其中，点军标显示组件主要实现对点状特征实体的描述，如指挥所、工事、平台武器等。线军标显示组件主要实现对线状特征实体的描述，如铁丝网、堑壕、作战分界线等。面军标显示组件主要实现对面状特征实体的描述，如炮兵群阵地、雷场、染毒区等。自定义图形显示组件主要实现对特殊效果的描述，如雷达扫描线、爆炸、运动轨迹等。

显示组件均派生于显示接口 IShape，显示接口定义了显示组件的获取形状类型、初始化、绘制等接口，所有的接口函数定义均为纯虚函数。显示组件程序结构及接口 IShape 定义如图 3－36 所示。

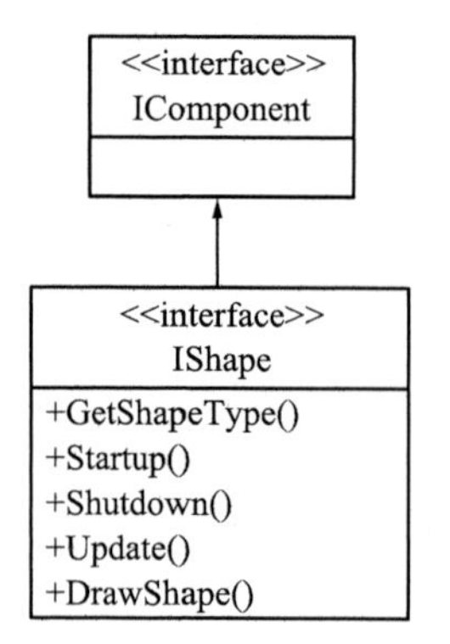

图 3-36　IShape 抽象接口图

其中：

- GetShapeType()接口函数提供获取显示形状类型的功能；
- Startup()接口函数提供组件初始化功能；
- Shutdown()接口函数提供组件关闭功能；
- Update()接口函数提供组件更新功能，该函数主要进行显示组件内的循环控制；
- DrawShape()接口函数提供绘制功能。

3. 状态组件

状态组件主要描述仿真实体各种静态和动态的状态信息，静态状态信息主要描述如番号、隶属、兵种、级别等信息，动态状态信息主要描述位置、姿态、伤亡状态、资源状态等信息。通过状态组件，可以支持采用统一的方式获取实体的各种状态。状态组件以承载的平台进行分类，其分类如图 3-37 所示。

其中，装甲平台状态组件主要描述以轻装甲或复合装甲为依托的地面作战载体的静态和动态的状态信息。车辆平台状态组件主要描述轮式运输车辆载体的静态和动态的状态信息。直升机平台状态组件主要描述各类直升机载体的静态和动态的状态信息。无人机平台状态组件主要描述各类无人机载体的静态和动态的状态信息。导弹平台状态组件主要描述各类陆军

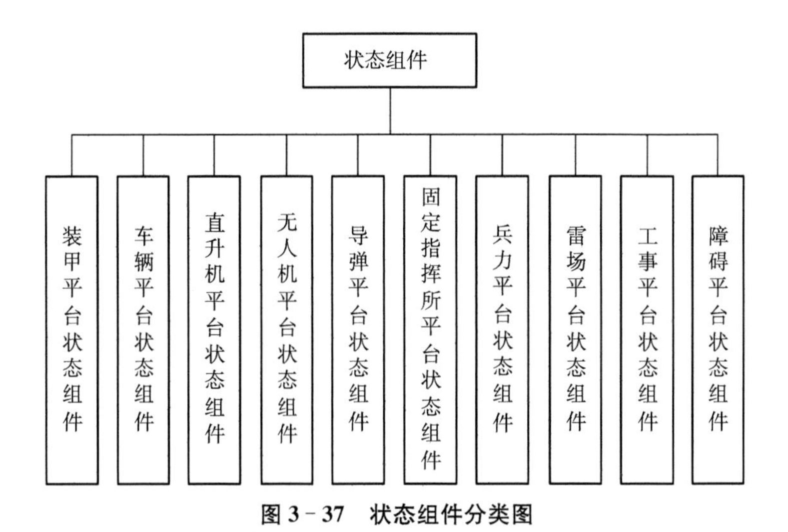

图 3－37　状态组件分类图

导弹的静态和动态的状态信息。固定指挥所平台状态组件主要描述各类固定式指挥载体的静态和动态的状态信息。兵力平台状态组件主要描述执行作战任务的编组单位的静态和动态的状态信息。雷场平台状态组件主要描述各类反坦克雷场、反步兵雷场以及反坦克反步兵混合雷场载体的静态和动态的状态信息。工事平台状态组件主要描述各类碉堡、掩体、坑道等载体的静态和动态的状态信息。障碍平台状态组件主要描述堑壕、铁丝网、轨条砦、石障等载体的静态和动态的状态信息。

状态组件均派生于状态接口 IState，状态接口定义了状态组件的查询、获取各种状态信息的接口，所有的接口函数定义均为纯虚函数。状态组件程序结构及接口 IState 定义如图 3－38 所示。

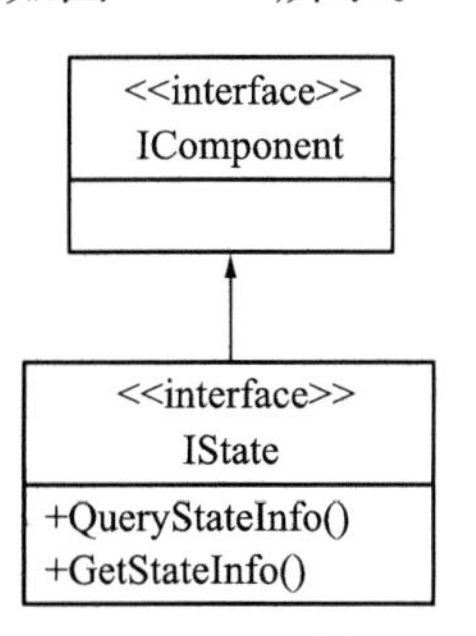

图 3－38　IState 抽象接口图

其中：

- QueryStateInfo()接口函数提供查询状态信息的功能；
- GetStateInfo()接口函数提供获取状态信息的功能。

4. 空间资源组件

空间资源组件主要描述仿真实体涉及的各类空间区域、路线、航迹、目标点等，如炮兵发射阵地、坦克冲击出发线、飞机航迹线、行军路线等。空间资源组件依据空间资源形状进行分类，空间资源在空间表现形式上主要包括点、线、面等，因此，空间资源组件可分为点状空间资源组件、线状空间资源组件、面状空间资源组件，如图 3－39 所示。

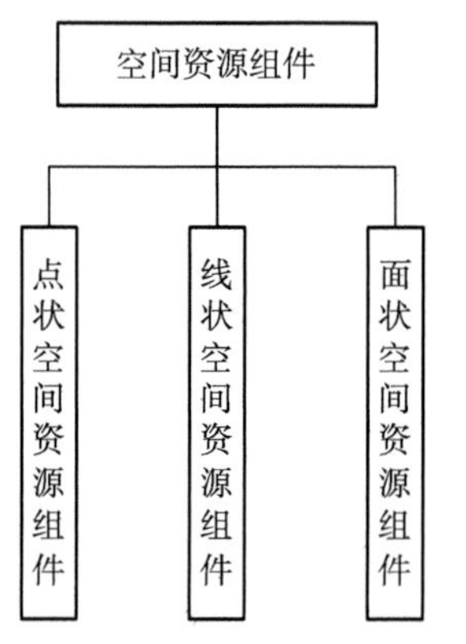

图 3－39　空间资源组件分类图

其中，点状空间资源组件主要描述重要目标点、参考坐标点等点状空间资源。线状空间资源组件主要描述行军路线、航迹线、冲击出发线等线状空间资源。面状空间资源组件主要描述炮兵阵地、夺占区域、火力歼敌区等面状空间资源。

空间资源组件均派生于空间资源接口 ISpaceRes，空间资源接口定义了空间资源组件的获取类型、距离计算、范围判断、重叠计算等接口，所有的接口函数定义均为纯虚函数。空间资源组件程序结构及接口 ISpaceRes 定义如图 3－40 所示。

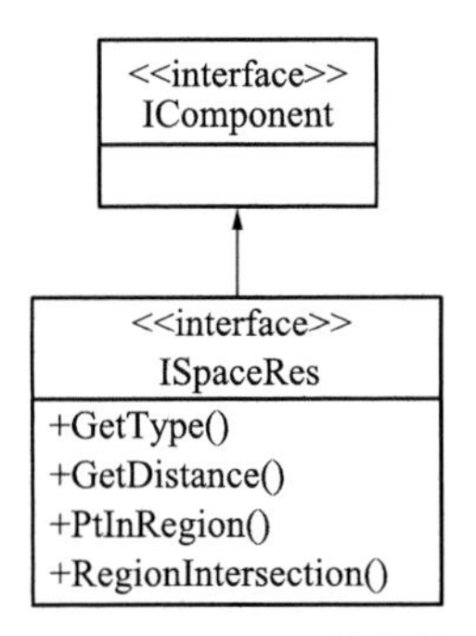

图 3－40　ISpaceRes 抽象接口图

其中：

- GetType()接口函数提供查询空间资源类型功能；
- GetDistance()接口函数提供距离判断功能；
- PtInRegion()接口函数提供范围判断功能；
- RegionIntersection()接口函数提供区域重叠判断与计算功能。

(五) 仿真实体管理器组件设计

1. 任务管理组件

任务管理组件主要负责按照任务的优先级对仿真实体执行的任务进行管理、维护和调度。任务管理组件通过在组件内部维护待执行任务的列表，并基于任务的优先级向仿真实体提交优先级最高的任务来驱动任务的执行。任务优先级的确定通常基于时间优先或者任务重要性程度优先的原则。

任务管理组件派生于任务管理接口 ITaskMgr，任务管理接口定义了任务管理组件的添加任务、删除任务、排序任务、分发任务等接口，所有的接口函数定义均为纯虚函数。任务管理组件程序结构及接口 ITaskMgr 定义如图 3－41 所示。

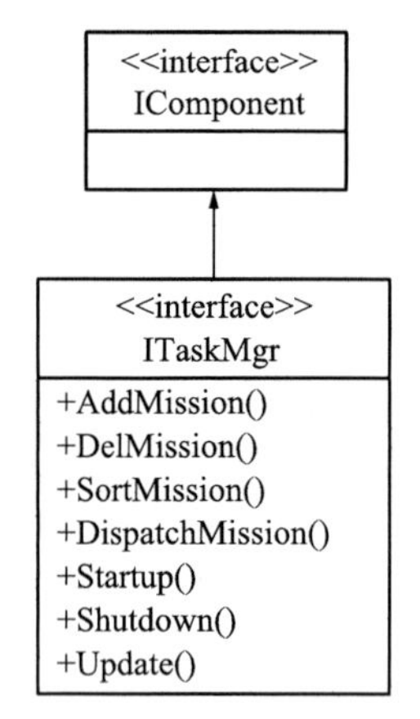

图 3－41　ITaskMgr 抽象接口图

其中：

- AddMission()与 DelMission()接口函数提供添加、删除任务功能；
- SortMission()接口函数提供任务排序功能；
- DispatchMission()接口函数提供任务分发功能；
- Startup()接口函数提供组件初始化功能；
- Shutdown()接口函数提供组件关闭功能；
- Update()接口函数提供组件更新功能，该函数主要进行任务管理组件内的循环控制。

2. 计划管理组件

计划管理组件主要负责按照计划的时间次序对仿真实体待执行的计划进行管理、维护和调度。计划管理组件通过在组件内部维护仿真实体在不同时间阶段的作战计划，并基于计划开始时间向仿真实体提交待实施的计划来驱动计划的执行。

计划管理组件派生于计划管理接口 IPlanMgr，计划管理接口定义了计划管理组件的添加计划、删除计划、排序计划、分发计划等接口，所有的接口函数定义均为纯虚函数。计划管理组件程序结构及接口 IPlanMgr 定义如图 3－42 所示。

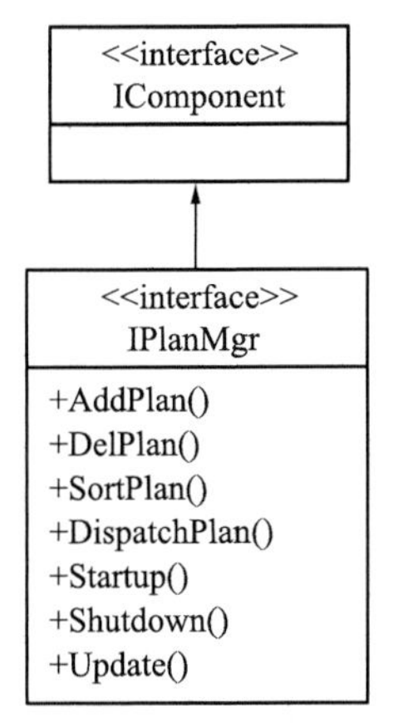

图 3－42　IPlanMgr 抽象接口图

其中：

- AddPlan()与 DelPlan()接口函数提供添加、删除计划功能；
- SortPlan()接口函数提供计划排序功能；
- DispatchPlan()接口函数提供计划分发功能；
- Startup()接口函数提供组件初始化功能；
- Shutdown()接口函数提供组件关闭功能；
- Update()接口函数提供组件更新功能，该函数主要进行计划管理组件内的循环控制。

3. 资源管理组件

资源管理组件主要负责对仿真实体所配备的各类资源的管理、维护和调度。资源管理组件通过在组件内部维护资源列表并实时监控资源的消耗情况来对资源进行管理。

资源管理组件派生于资源管理接口 IResourceMgr，资源管理接口定义了资源管理组件的添加资源项、删除资源项、查询资源项、消耗资源、补充资源等接口，所有的接口函数定义均为纯虚函数。资源管理组件程序结构及接口 IResourceMgr 定义如图 3－43 所示。

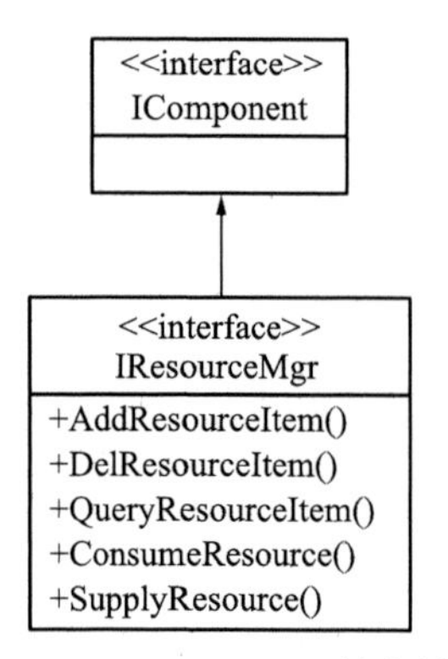

图 3-43 IResourceMgr 抽象接口图

其中：

- AddResourceItem()与 DelResourceItem()接口函数提供添加、删除某种类型资源功能；
- QueryResourceItem()接口函数提供查询是否配备某种类型资源功能；
- ConsumeResource()接口函数提供消耗资源功能；
- SupplyResource()接口函数提供补充资源功能。

4. 武器系统管理组件

武器系统管理组件主要负责对仿真实体装配的武器装备进行管理、维护和调度。武器系统管理组件通过在组件内部维护武器装备的列表来对武器系统进行管理。

武器系统管理组件派生于武器系统管理接口 IWeaponSystemMgr，武器系统管理接口定义了武器系统管理组件的添加武器、删除武器、查询武器等接口，所有的接口函数定义均为纯虚函数。武器系统管理组件程序结构及接口 IWeaponSystemMgr 定义如图 3-44 所示。

其中：

- AddWeaponSystem()与 DelWeaponSystem()接口函数提供添加、删除武器系统功能；

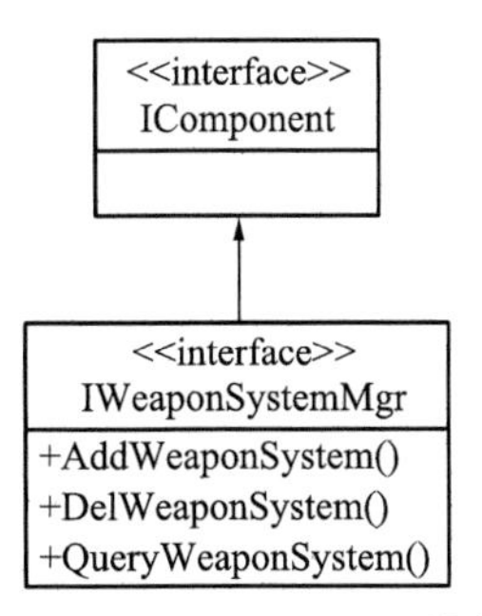

图 3－44　IWeaponSystemMgr 抽象接口图

- QueryWeaponSystem()接口函数提供查询是否配备某种武器装备功能。

5. 交互管理组件

交互管理组件主要负责对仿真实体之间的交互进行管理、维护和调度。交互管理组件通过在组件内部维护交互的列表来对交互进行管理。

交互管理组件派生于交互管理接口 IInteractionMgr，交互管理接口定义了交互管理组件的添加交互、删除交互、查询交互、分发交互等接口，所有的接口函数定义均为纯虚函数。交互管理组件程序结构及接口 IInteractionMgr 定义如图 3－45 所示。

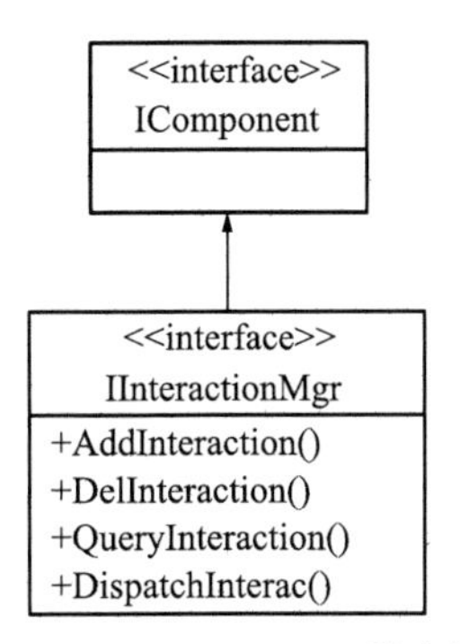

图 3－45　IInteractionMgr 抽象接口图

其中：

- AddInteraction()与 DelInteraction()接口函数提供添加、删除交互

功能；

- QueryInteraction()接口函数提供查询交互功能；
- DispatchInteraction()接口函数提供分发交互功能。

6. 组织管理组件

组织管理组件主要负责对作战编成编组以及仿真实体间的指挥层级关系进行管理和维护。作战编成编组是提高和发挥战斗力的重要组织保障，也是影响其他要素能否有效发展和发挥作用的重要组织保障。组织管理组件通过数据结构中树的形式在组件内部维护编成编组，并根据作战过程中实体间的转隶、归建等情况来调整指挥关系，以此来维护和监控作战编成这一特殊组织形式的发展变化。

组织管理组件派生于组织管理接口 IOrganizationMgr，组织管理接口定义了组织管理组件的添加、修改、删除、查询、调整等接口，所有的接口函数定义均为纯虚函数。组织管理组件程序结构及接口 IOrganizationMgr 定义如图 3－46 所示。

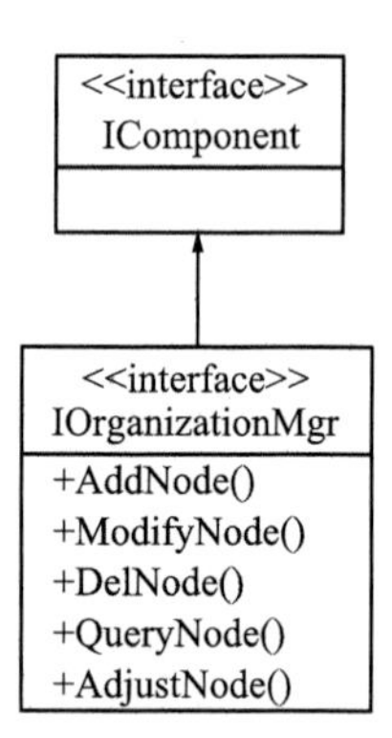

图 3－46　IOrganizationMgr 抽象接口图

其中：

- AddNode()、ModifyNode()、DelNode()接口函数提供添加、修改、删除组织节点功能；
- QueryNode()接口函数提供查询组织节点功能；

• AdjustNode()接口函数提供调整组织节点功能。

7. 通信管理组件

通信管理组件主要负责对通信网拓扑结构、通信链路以及通信节点进行管理和维护。通信管理组件通过数据结构中图的形式在组件内部对通信网拓扑、通信链路和通信节点进行维护，依据实际通信网连接关系采用广度优先搜索算法或深度优先搜索算法优选通信链路，并综合考虑链路带宽、负载、受干扰状况等实现对作战中实体间通信关系的仿真。

通信管理组件派生于通信管理接口 IComNetMgr，通信管理接口定义了通信管理组件的添加、修改、删除通信链路和通信节点的接口，所有的接口函数定义均为纯虚函数。通信管理组件程序结构及接口 IComNetMgr 定义如图 3－47 所示。

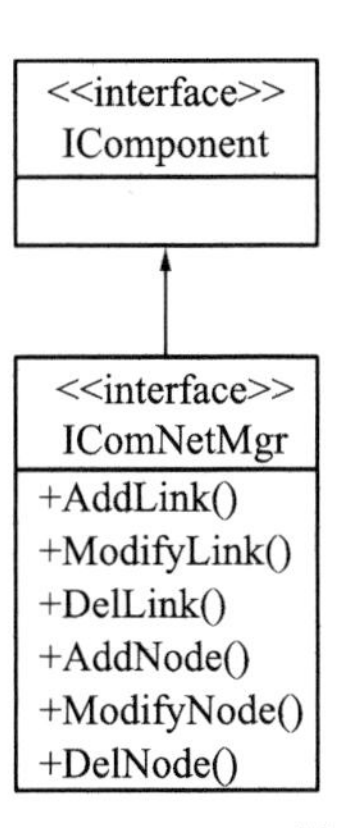

图 3－47　IComNetMgr 抽象接口图

其中：

• AddLink()、ModifyLink()、DelLink()接口函数提供添加、修改、删除通信链路功能；

• AddNode()、ModifyNode()、DelNode()接口函数提供添加、修改、删除通信节点功能。

8. 空间资源管理组件

空间资源管理组件主要负责对点状、线状、面状等空间资源进行管理和维护。空间资源管理组件通过数据结构中的映射形式在组件内部对各类空间资源进行维护。

空间资源管理组件派生于空间资源管理接口 ISpaceResMgr，空间资源管理接口定义了空间资源管理组件的添加、删除、查询等接口，所有的接口函数定义均为纯虚函数。空间资源管理组件程序结构及接口 ISpaceResMgr 定义如图 3-48 所示。

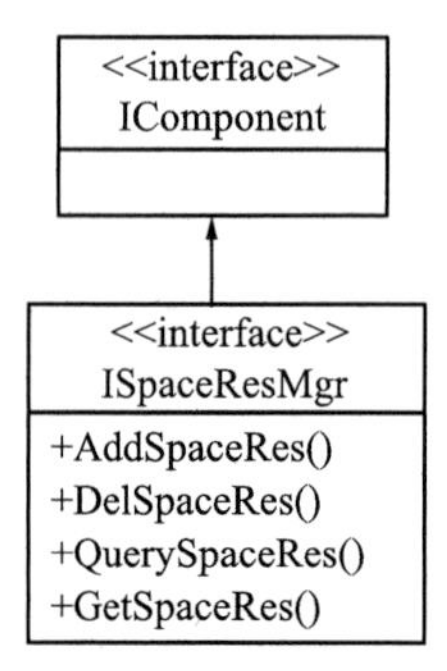

图 3-48　ISpaceResMgr 抽象接口图

其中：

- AddSpaceRes()与 DelSpaceRes()接口函数提供添加、删除空间资源功能；
- QuerySpaceRes()接口函数提供查询空间资源功能；
- GetSpaceRes()接口函数提供获取空间资源功能。

四、仿真实体管理机制设计

仿真实体的有序组织和管理是保证实体系统运行效率和稳定性的关键，仿真实体管理包括实体静态管理和实体动态管理两个方面。实体静态管理是指对模型模板和型号化模型数据进行的管理。实体动态管理是指对实体组织方式和调度方式的管理。实体静态管理是实体动态管理的前提和基础。

（一）仿真实体静态管理

仿真实体静态管理包括模型模板管理和型号化模型数据管理两部分。其中，模型模板管理包括组件模型模板管理和实体模板管理。型号化模型数据管理包括组件模型型号化数据管理和实体型号化数据管理，如图 3－49 所示。

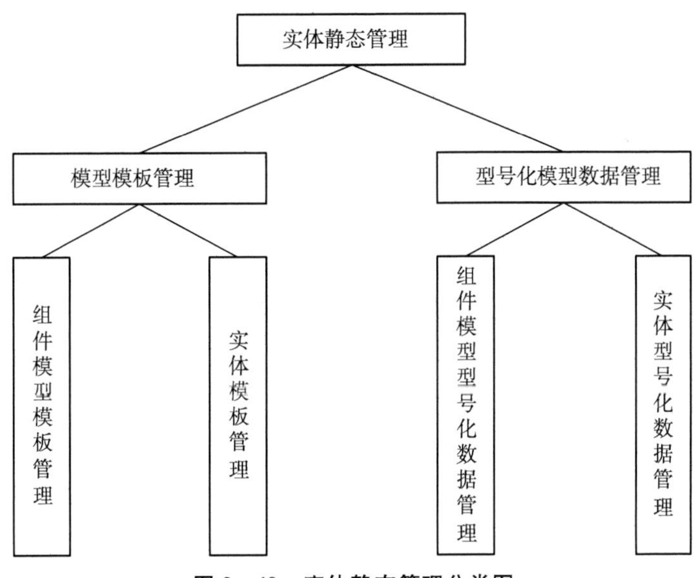

图 3－49　实体静态管理分类图

通常，模型模板管理采用分层的树形结构进行管理。依据组件分类的原则，组件模型模板按照物理组件、行为组件、辅组组件以及管理器组件划分为四大类，而后依据每一大类的具体组成再进行逐级划分，最终形成组件模型模板结构树。实体模板则按照军兵种专业类型进行分类和组织，最终形成实体模板结构树。通过组件模型模板结构树，依据武器装备和作战单元的实际性能或能力，对组件参数进行配置，形成型号化的组件模型。待系列型号化组件模型构建完毕之后，依据军兵种专业实体分类和功能构成，将各种型号化的组件模型进行组装，形成型号化的实体数据。实体数据配置信息共分为四个层级，第一级表示实体层，第二级表示组件层，第三级表示组件参数层，第四级表示组件参数值层，如表 3－8 所示。

表 3－8　实体配置信息格式表

层级	名称	示例
第一层	实体	<ENTITY></ENTITY>
第二层	组件	<COMPONENT></COMPONENT>
第三层	组件参数	<POSITION></POSITION>
第四层	组件参数值	<X>Value=112.12</X>

通过“型号化”和“组装”两个步骤，完成对武器装备和作战单元的组件化构建，其装配流程如图 3－50 所示。

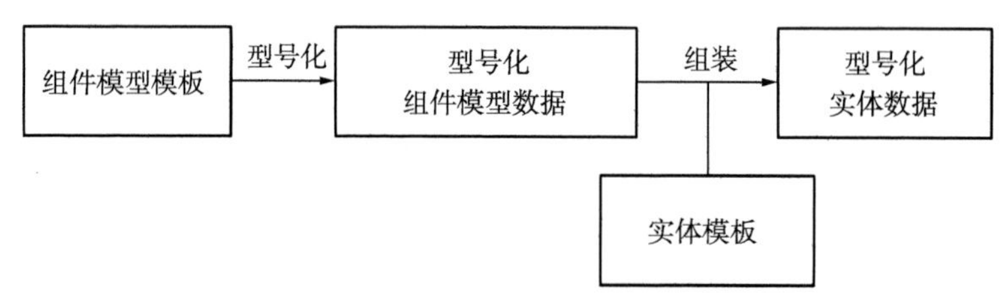

图 3－50　组件化装配流程图

型号化模型数据的管理主要是以模型模板管理结构为主线，采用组件模型模板结构树和实体模板结构树的层次化结构进行组织。

（二）仿真实体动态管理

仿真实体动态管理主要是指在平台运行过程中对实体逻辑组织方式和调度方式的管理。实体动态管理的设计需要考虑以下几个核心需求：一是体现作战决心方案的统领作用，能够以方案的形式对仿真实体进行统一组织，并能够支持对方案进行管理。二是体现仿真实体的建模层次，能够涵盖作战编组单元、最小分辨率实体以及功能组件。三是体现仿真实体的建模范畴，除涵盖作战单元、最小分辨率实体、功能组件等“有形”实体之外，还应能够描述作战仿真中起重要作用的“无形”实体，如作战编成编组结构、指挥网结构、通信网拓扑结构等。四是体现仿真实体运行组织管理的集成性和一致性,能够采用统一的方式对“有形”和“无形”的仿真实体要素进行组织和管理。五是体现仿真实体运行状态的可追溯性,能够记录仿真实体在仿真运行过程中的状态和交互等各类信息。

依据上述需求,仿真实体动态管理采用以下方式进行设计,采用方案、单元、对象、组件的策略对实体进行层次组织和逻辑管理。其中,方案对应作战方案,表示具体的作战决心方案信息。单元对应作战单元,表示具备执行作战任务能力的聚合级的作战编组信息。对象对应最小分辨率实体,表示描述的最小分辨率的作战力量信息。组件对应功能,表示具体的功能特征信息。方案由方案管理器创建,负责组织和管理所有的单元。单元由单元管理器创建,负责组织和管理单元内的实体和转隶的单元。对象由对象管理器创建,负责组织和管理仿真实体内的组件和搭乘的仿真实体。组件由组件管理器创建,负责描述组件自身独立的功能。采用组织管理和通信管理对编成编组、指挥网、通信网等“无形”实体进行组织和管理。采用数据处理对仿真实体运行状态和交互信息进行记录和提取,采用数据处理管理对数据处理进行组织和管理。实体动态管理结构图如图 3-51 所示。

其中,方案管理是仿真实体动态管理的核心,采用方案的形式对具体的作战方案进行组织,便于在概念、逻辑和数据上保持一致。方案管理采用数据结构中的映射结构以方案标志键和方案句柄值的方式对方案进行存储。在方案管理初始化期间,单元管理、组织管理、通信管理以及数据处理管理向方案管理注册,提供全局服务功能。单元管理负责创建对应作战编组的作战单元。采用单元的形式对处于编成编组同一层级结构中的仿真实体进行组织,单元支持单元嵌套,用于支持单元加入或脱离作战编组。在单元管理初始化期间,消息分发管理和实体管理向单元管理注册,支持创建单元具备消息分发功能和创建对象功能。对象管理是对执行作战行动的仿真实体进行管理,在对象管理初始化期间,消息分发管理、任务管理、计划管理、武器系统管理、资源管理、交互管理以及组件管理向对象管理提供注册,提供对消息分发、任务、计划、武器系统、资源以及交互的有序管理。单元与单

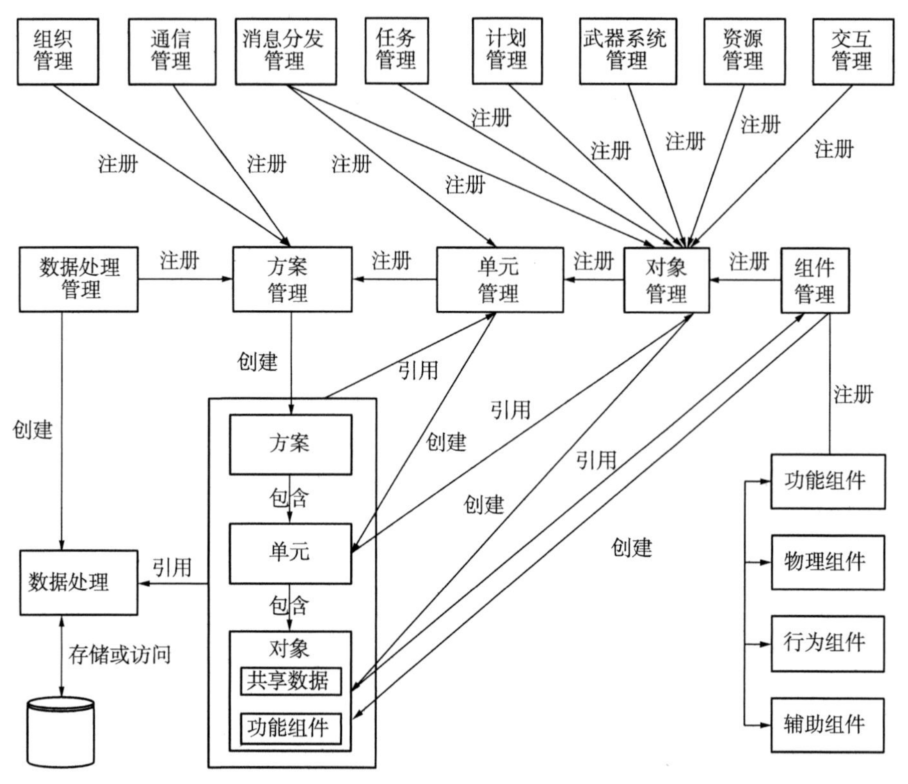

图 3-51 实体动态管理结构图

元、单元与对象、对象与对象之间的交互通过消息分发管理提供支持。对象同样支持对象嵌套，用于支持仿真实体搭载或卸载、停靠或脱离等军事应用。组件管理是对各类功能组件进行管理，包括组件类型管理、组件注册、组件创建等具体功能。实体动态管理程序结构如图 3-52 所示。

其中，方案管理 CSchemeMgr、单元管理 CUnitMgr、对象管理 CEntityMgr、组件管理 CComponentMgr、组织管理 COrganizationMgr、通信管理 CNetMgr、数据处理管理 CDataProcessMgr 等采用单子模式设计，各管理器内部维护相应的管理对象的工厂，负责抽象对象的创建过程。单元 CUnit、对象 CEntity、组件 CComponent 实例的管理分别交由方案 CScheme、单元 CUnit、对象 CEntity 进行管理，其余管理器创建的对象实例由各自管理器进行管理。另外，考虑到搜索效率以及层级结构的清晰性，方

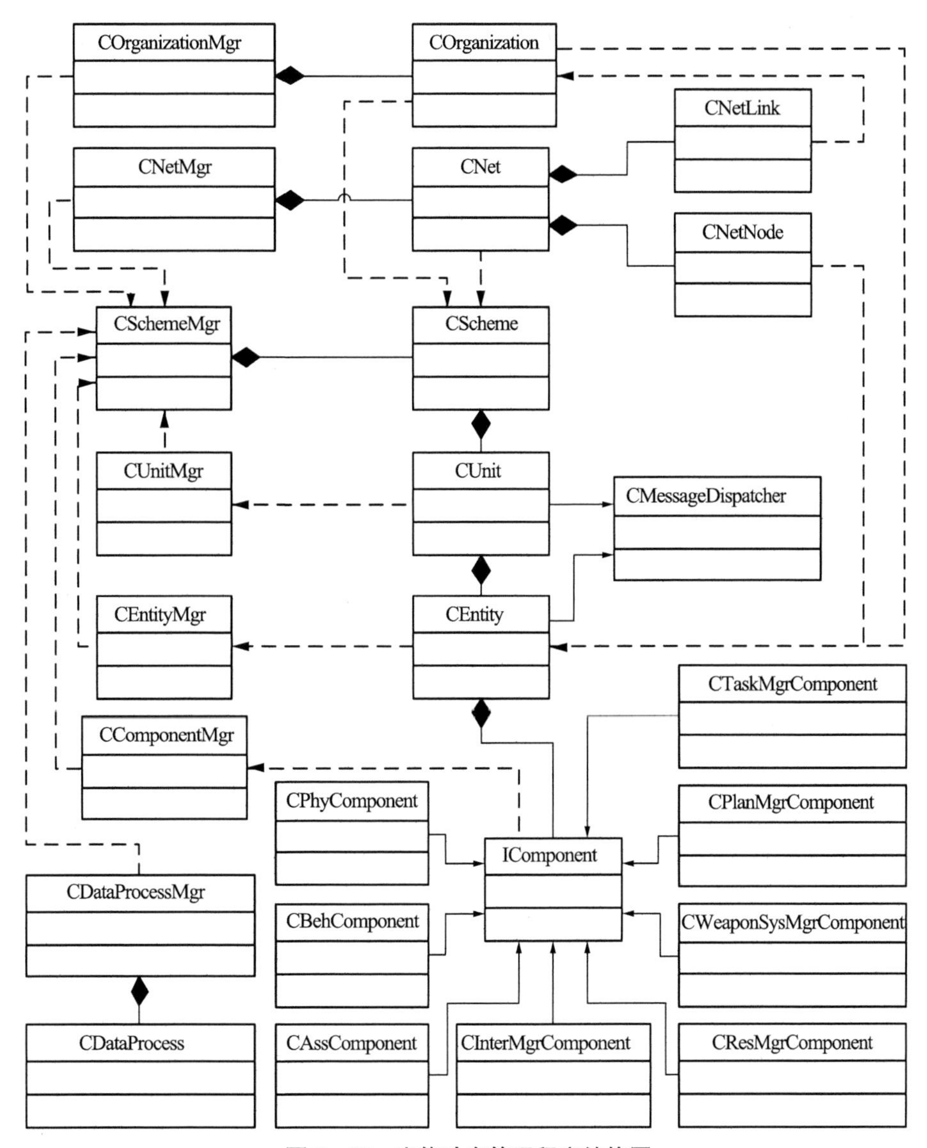

图 3－52　实体动态管理程序结构图

案 CScheme 对单元 CUnit 的管理方式以及单元 CUnit 对对象 CEntity 的管理方式可采用外挂插件的方式以更为复杂的数据结构进行设计，如采用二叉树的组织管理方式。方案 CScheme 负责统领编成编组结构 COrganization、通信网结构 CNet 以及单元 CUnit，通信网络链路 CNetLink

以及对象层级 CEntity 依赖编成编组结构，通信节点 CNetNode 与对象相关联。单元和对象派生于 CMessageDispatcher，具备消息分发功能。各类组件 IComponent 向组件管理器 CComponentMgr 注册。实体动态管理时序如图 3－53 所示。

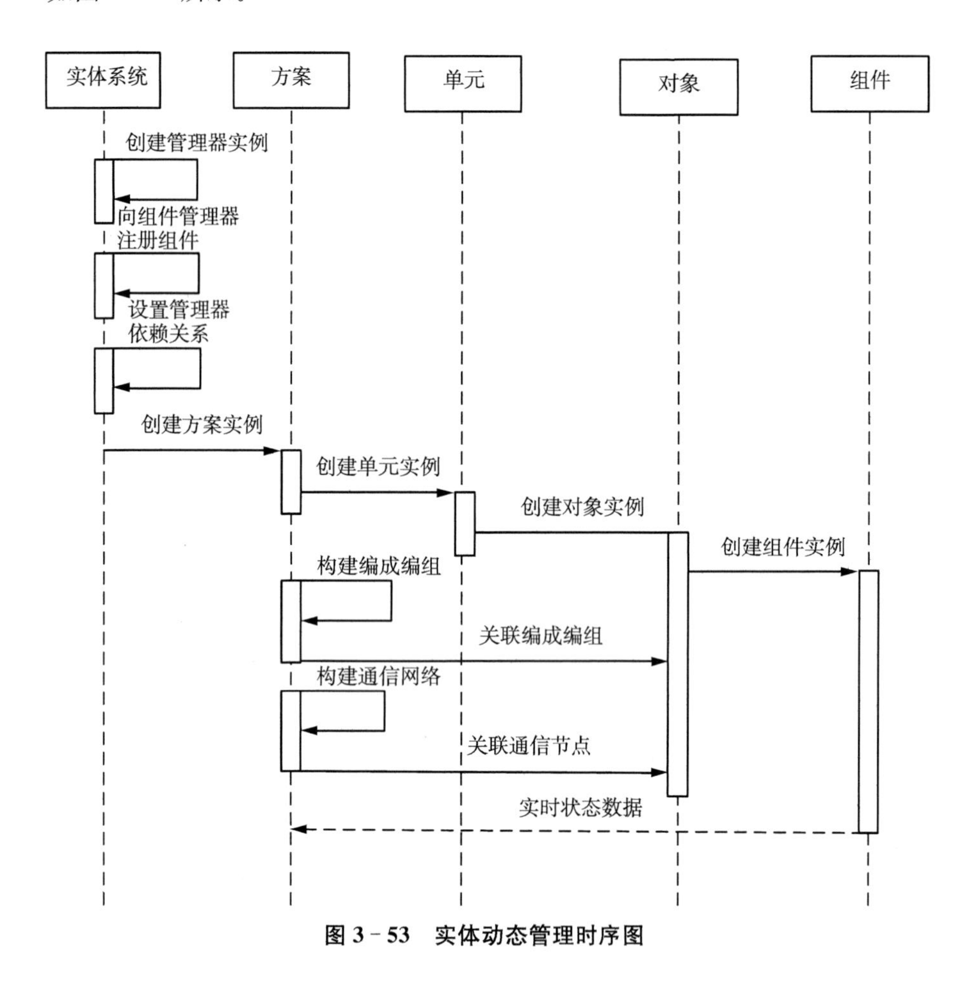

图 3－53　实体动态管理时序图

五、仿真实体交互机制设计

仿真实体交互机制是指仿真实体之间的信息交互方式和调度方式。仿真实体之间的信息交互主要用于描述仿真实体之间指挥、通信、探测、跟踪、交火、召唤、上报等信息交互。

(一) 仿真实体交互策略

仿真实体之间的交互主要是指单元与单元、单元与对象、对象与对象之间的信息传递过程。其交互方式采用事件驱动的方式进行设计,事件对应具体的交互信息,主要描述交互信息类型、交互信息时间、交互信息重要性以及交互信息数据参数等。事件类型主要包括指挥控制类事件、通信类事件、探测类事件、跟踪类事件、交火类事件、召唤类事件以及报告类事件等。事件处理与事件一一对应,主要描述针对该事件的逻辑处理规则。事件与事件处理构成了仿真实体之间事件驱动交互方式的基础。事件驱动交互可采用如下二元组进行抽象描述:

EventDrive ::=<{ EventType, EventInterface },{ EventProcessInterface }>

在上述二元组中,事件接口和事件处理接口的定义是实现事件驱动的两个核心要素,其规定了对外提供功能服务和交互的最小函数集,所有的接口函数均为纯虚函数。事件接口 IEvent 和事件处理接口 IEventProcess 定义如图 3-54 所示。

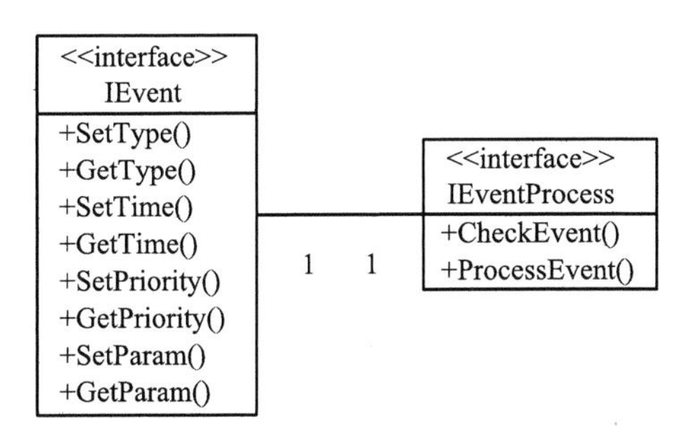

图 3-54　事件驱动交互接口图

其中,事件接口与事件处理接口一一对应,事件接口 IEvent 定义的接口函数功能如下:

- SetType()与 GetType()接口函数提供设置、获取事件类型功能;

- SetTime()与 GetTime()接口函数提供设置、获取事件时间功能；
- SetPriority()与 GetPriority()接口函数提供设置、获取事件优先级功能；
- SetParam()与 GetParam()接口函数提供设置、获取事件参数功能。

事件处理接口 IEventProcess 定义的接口函数功能如下：

- CheckEvent()接口函数提供检验事件类型是否匹配以及事件参数是否合法功能；
- ProcessEvent()接口函数提供事件处理逻辑功能。

单元与对象对事件和事件的响应处理采用“订购—发布”模式进行设计，单元与对象依据其描述的角色订购关注的事件类型，在仿真过程中，当接收到事件时，首先依据订购的事件进行筛选，仅处理支持的事件类型，而后将事件分发到对应的事件处理进行响应。在程序设计时，事件的订购、退订和分发交由对象的交互管理组件进行维护，在交互管理组件内部维护事件与事件处理的对照关系。当对象接收到事件时，交由交互管理组件进行筛选、分发，最终由响应的交互组件进行响应处理，其程序结构如图 3－55 所示。

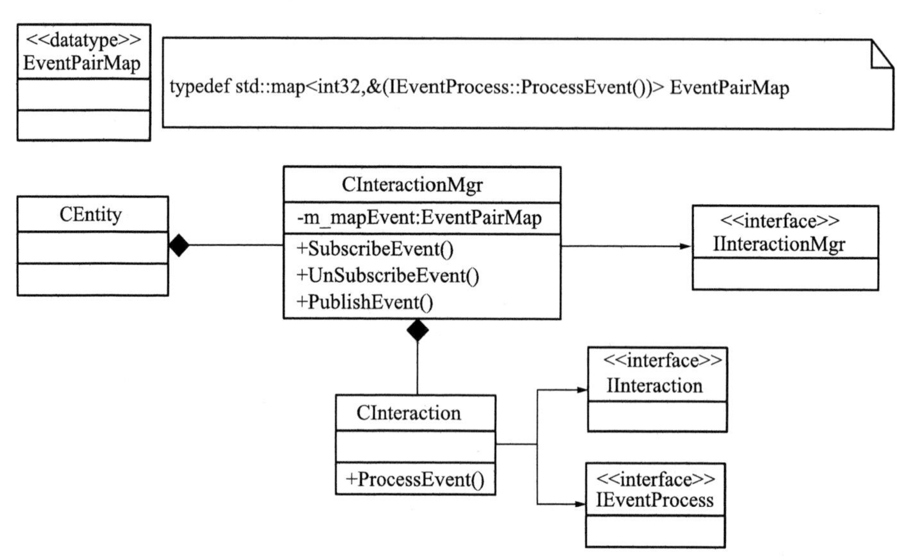

图 3－55　事件订购发布程序结构图

(二) 仿真实体交互管理

仿真实体交互管理是指对仿真实体之间交互的注册、创建、触发和运行管理。

交互注册和创建是指对系统支持的交互事件和交互事件处理的类型以及对应实例的创建过程进行统一管理。通常采用工厂模式进行设计，交互事件工厂和交互事件处理工厂分别负责登记交互事件和交互事件处理，事件管理器负责维护交互事件工厂和交互事件处理工厂。交互触发基于交互事件的优先级次序如时间优先或重要性优先进行调度。交互运行管理采用事件队列的方式对事件进行集中式管理。交互管理结构图如图 3－56 所示。

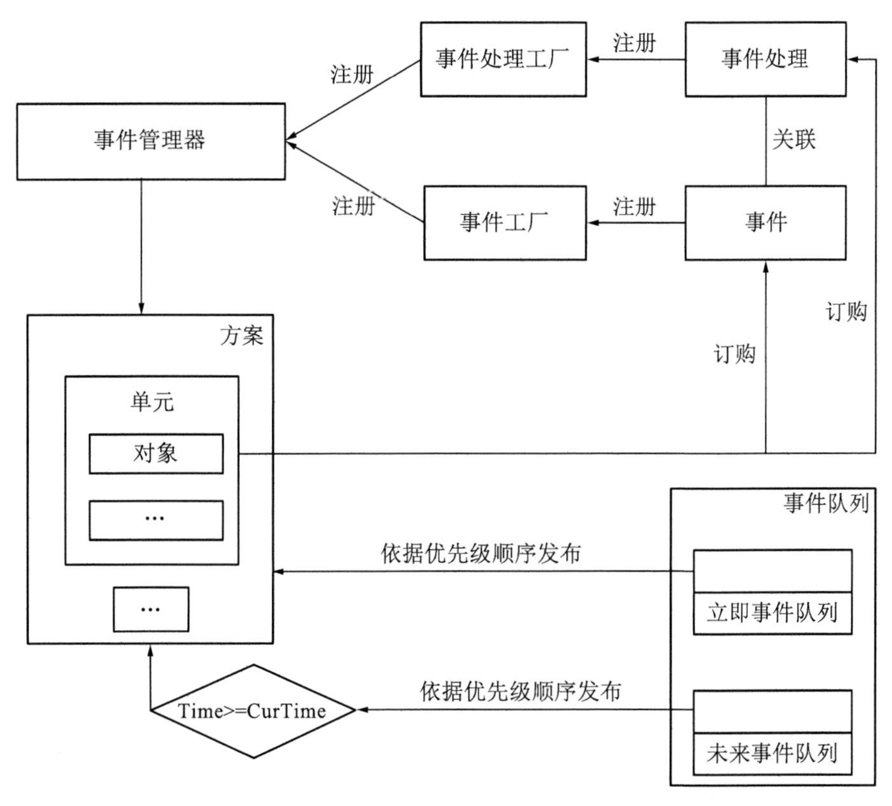

图 3－56　交互管理结构图

其中，事件与事件处理具有一对一的映射关系，采用工厂模式进行注册和创建。单元和对象均具有响应并处理事件的能力，依据仿真实体关注的交互内容订购相应的事件及事件处理。事件队列负责对系统中发布的事件按照事件优先级进行排队，满足事件触发条件时向单元和对象发布事件，单位和对象依据自身订购的事件类型进行响应和处理。交互管理的程序结构如图 3－57 所示。

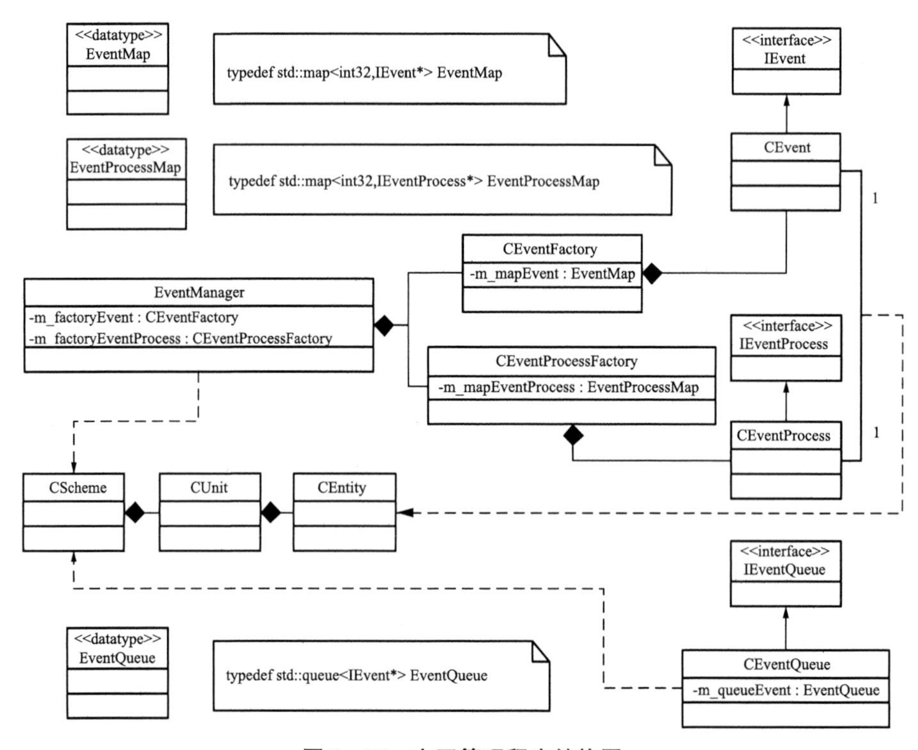

图 3－57　交互管理程序结构图

第四章　组件化建模仿真平台自然环境系统设计

自然环境系统是组件化建模仿真平台的重要组成，主要职能是对制约和影响军事行动的地形、地物、水系以及雨、雪、雾等自然环境因素进行建模描述，从而为军事仿真提供必需的仿真战场自然环境。以陆军作战行动为例，自然环境对其影响极大，同样的部队在不同的自然环境条件下执行相同的作战任务，产生的结果可能会截然不同。因此，准确把握自然环境因素的特征及其对作战行动的影响，对于构建逼真的仿真战场环境具有重要作用。本章主要围绕地理环境和天候环境两大自然环境要素来阐述自然环境系统的设计。

一、地理环境仿真设计

以陆军为例，地理环境是其遂行作战行动的重要空间载体。地理环境设计不仅包括对地形、地物、水文要素的建模和要素结构设计，还包括各种地理环境要素对作战行动的影响建模和对影响的结构设计。

(一) 地理环境仿真要素设计

1. 地理环境仿真要素构成分析

地理环境是由各种环境要素如道路、水系、植被、居民地、桥梁、天然障碍以及土质、地形起伏等地貌特征在地理空间上有机组合而形成的自然景观。以陆军作战仿真为例针对其仿真需求,地理环境主要关注地理位置、地形、地物以及水文要素,如图 4－1 所示。

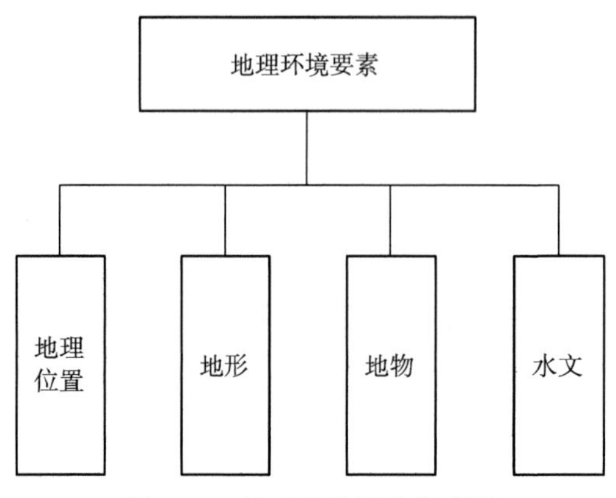

图 4－1　地理环境要素构成图

(1) 地理位置

地理位置主要描述地理事物的空间属性和相关特征。按照地理位置的相对性和绝对性,一般分为相对地理位置和绝对地理位置。相对地理位置以参考点的周围事物进行确定,一般是对地理事物的空间关系做定性描述。而绝对地理位置则是对地理事物的特殊性或唯一性进行定量刻画。这一定量刻画方法是以整个地球表面为参考系,以经纬度为度量标准来具体刻画每一个地理事物的经纬度值。在陆军作战仿真中,通常采用绝对地理位置来精确描述地理事物的空间位置。在描述方式上,需要借助数学方法建立坐标系来进行定量描述。目前,陆军作战仿真中常用的坐标系统主要有全球坐标系和高斯投影坐标系。其中,全球坐标系采用经度、维度和高程来进行描述,其参考平面是由零度经线和赤道确定。从格林尼治向东西各划分

180个经度，从赤道向南北各划分90个维度，高程从地心开始计算。坐标单位采用六十进制(度:分:秒，字母表示方向)或十进制(正/负十进制度)。该坐标系可以较为真实刻画地球位置，因此在陆军作战仿真中应用比较广泛。而高斯投影坐标系则以中央子午线与赤道交点的投影为原点，以中央子午线的投影为纵坐标 X 轴，以赤道的投影为横坐标 Y 轴来确定坐标。由于高斯坐标投影精度高、变形小、计算简便，能够支持在图上进行精确的测量计算，因此在大比例尺地形图中应用较广，可以满足陆军作战仿真的各种需要。

(2) 地形

地形是指地表以上分布的固定性物体共同呈现出的高低起伏的各种形态。在陆军作战仿真中，通常以地形起伏形态为基础，以对作战行动起主导作用的要素名称或特征来划分不同的地形类别。陆军作战仿真涉及的典型地形类别主要有以下几种：平原、丘陵、山地以及城市居民地等。在地形描述时，主要关注平均海拔高度、地形高程、坡度、土质、地貌特征以及地形起伏状况等地形因素。各类地形特点及其对陆军作战行动的影响描述如下：

• 平原地形：指地表高差在50米以下、坡度小于30度、无脊线脉络的平坦开阔地。该类地形视野较好，交通发达，居民地多，人口稠密，便于实施迅速机动和迂回包围，利于指挥控制、通信联络、行动协同以及后勤补给，但不便于隐蔽和组织防御，缺乏可坚守的防御阵地。

• 丘陵地形：指地表高差在50米至200米之间、坡度在3度至30度、无明显山脊脉络的起伏不平的地区。该类地形易于构筑坚固的防御阵地，并且可供通行的地段较多，但由于高差不大，防御对地形的依赖程度有限，防御翼侧缺少高大有利地形做掩护。在丘陵地组织进攻作战，便于进行多路、多方向的攻击和迂回，便于选择防御薄弱部位实施集中突击，但不便于隐藏作战企图。

• 山地地形：指地表高差在200米以上、坡度大于30度、脊线脉络十分明显的地区。山地地形根据海拔高度分为四类：一是低山地地形，该类地形海拔低于900米，多与丘陵地形或平原地形相连，是陆战场的重要依托。二是中山地地形，该类地形海拔在900米至3500米之间，陆军部队执行作战行动大多局限于有道路的地方。三是高山地地形，该类地形海拔在3500米至5000米之间，坡度大于25度，随海拔升高空气逐渐稀薄，含氧量减少，对武器装备性能以及作战人员影响较大，部队只能在少数有道路的地方行动。四是极高山地地形，该类地形海拔在5000米以上，大部分被冰雪覆盖，通行十分困难。山地地形复杂，道路少，居民稀，物资贫乏，部队行动受限制，尤其不便机动，也不便指挥和协同。山地易守难攻，利于防御，便于凭险扼守、卡口制谷、构筑阵地，能以较小兵力抗击优势之敌进攻。

• 城市居民地地形：指以非农业人口为主，具有一定规模的工业、商业、交通运输业聚集的较大房屋建筑区域以及涉及四周卫星城镇与瞰制地形的广大地域。现代城市往往是一定区域内的经济、政治或文化中心。城市战场环境由外围地区与市区两部分组成。城市外围往往有山地、河流、乡村居民地、进入城市的铁路、公路和各种军事设施等。市区主要由建筑物、街道、桥梁(立交桥)、空地、市内高地组成。在城市作战中，外围环境主要研究进入城市的通道以及控制通道的地形条件。市区环境主要研究市政机关、军事指挥中心、通信中心、媒体传播中心等的分布以及市区建筑物的分布密度、高度、临街距离等。在陆军城市作战中，由于城市人员、建筑密集，极大地制约着陆军部队作战的战法和兵力、兵器的使用。

(3) 地物

地物是指分布于地球表面上相对固定的物体，是对地表上各种有形地物和无形地物的总称。按照形成原因，地物可以分为天然地物和人工地物。天然地物是自然界自然形成的地物如高山、树林、断崖等，人工地物是人类活动形成的地物如居民地、道路、桥梁、高压电网等。按照地物表现形式，地物分为无形地物和有形地物。有形地物如山川、森林、植被、建筑物、桥梁、居民地、高压电网等，无形地物如国界、省界、县界等。

(4) 水文

水文主要描述江河、湖泊、水库等较大水体，包括江河的流向、流长、河面宽度、水深、流速、水质、岸滩性质、河床底质以及各种变化参数等。水文对作战行动的影响很大。水深流急的江河可以提供天然的作战屏障，不仅可以阻断进攻，迫使攻击方强渡江河，且容易给攻击方造成巨大伤亡。水浅流缓且底质坚硬的江河，虽然部队可以徒涉通过，但会大大降低机动速度。与作战方向垂直的江河，往往是难以逾越的屏障。与作战方向一致的江河，则有利于部队机动和物资输送，但作战队形易被分割，导致友邻间协调困难。

2. 地理环境仿真要素建模描述

地理环境要素建模是在地理环境要素构成分析的基础上，对地理环境要素的内在结构和外在表现的抽象描述，目的是把握地理环境要素的本质规律和主要特征，建立地理环境要素的功能模型。

（1）地理位置建模

地理位置建模的内容主要是对不同地理坐标位置信息进行定量描述。陆军作战仿真关注的地理坐标是指在三维空间中的位置信息表示，其可用下述三元组进行描述：

地理坐标 ::=＜ 地理横坐标，地理纵坐标，高程 ＞

在上述三元组中，地理横坐标、地理纵坐标以及高程是构成地理坐标的三要素。考虑到陆军作战仿真所涉及的作战区域跨度较小，地理横坐标和地理纵坐标通常采用高斯坐标来表示。同时，需要高斯坐标与经纬度坐标的相互转换功能，以支持诸军种联合仿真需要。高程是指海拔高度，通常以米为单位进行度量。

（2）地形建模

地形建模的内容主要是对平均海拔高度、土质、地形起伏状况、地形高程、坡度等信息进行定量描述。地形建模要素依据要素特征可归为两种类型：一是总体描述类型，如平均海拔高度、地形起伏状况等；二是详细描述类型，如土质、地形高程、坡度等。总体描述类型关注总体的地形特征，采用特征数据来进行建模描述。详细描述类型关注具体的地形特征，在上述地形详细描述要素中，关注的各要素均具有典型的点状特征，需要构建坐标位置与特征数据对的方式进行建模描述。为了减少数据量，通常将整个作战区域划分为若干个小的区域，以使每个小区域内的地形特征基本一致，以小区域的编号来表示坐标位置。作战区域的划分方法主要有网格法、不规则多边形法和随机矩形法。

➢ **网格法**

网格法是把需要量化的作战区域划分成正方形（或正六边形）网格，划分后的每一小块区域具有基本一致的地形特征。该方法的优点是简便易行、效率高，确定坐标位置简单便捷。

➢ **不规则多边形法**

不规则多边形法是用诸多不规则多边形来划分作战地域，使每个多边形内的地形特征基本一致。其中，多边形的边可看作特征线，用两个端点坐标确定。该方法的优点是比较灵活，不足之处是计算烦琐、边界不易表达、数据采集不方便、坐标点位置的判定困难。

➢ **随机矩形法**

随机矩形法是用一系列的随机矩形来划分作战地域。随机矩形网格的结构是大小不等、长宽各异、边界相连的一套矩形，在保证矩形四边平行于坐标轴的前提下，其每一边的位置可根据地形特点和需要随意划定。该方法的优点是简单灵活，边界易于确定，数据量小、采集方便，效率高，适应性强等。

在陆军作战仿真中，通常采用网格法对作战区域进行划分。一般从作战区域左下角开始，向右依次对网格横坐标进行编号，向上依次对网格纵坐标进行编号。网格尺寸大小依据陆军各兵种在单位时间内最小的战术跃进距离进行设定。以正方形网格对作战区域进行划分为例，如图 4－2 所示。

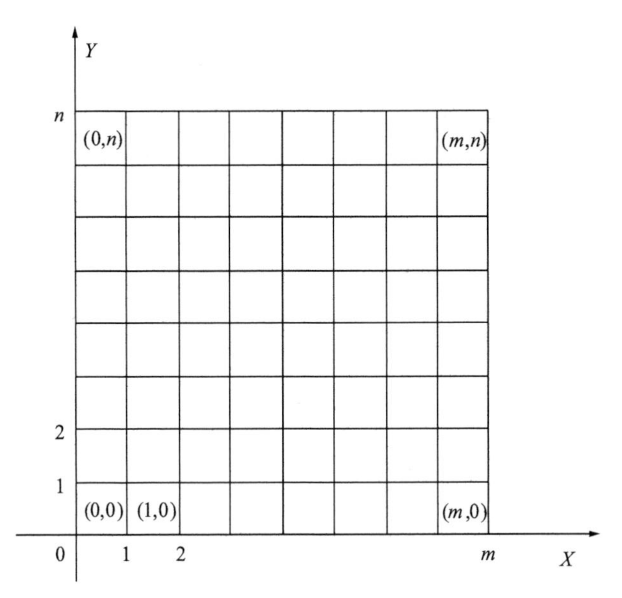

图 4-2　正方形网格划分示意图

作战区域内任一点的地理位置坐标均可转换为网格坐标，其转换公式如下

$$\mathrm{Grid}_X=\left[\frac{(X-X_{LB})}{L}\right]$$

$$\mathrm{Grid}_Y=\left[\frac{(Y-Y_{LB})}{L}\right]$$

其中：Grid_X 表示网格横坐标，Grid_Y 表示网格纵坐标，X_{LB} 和 Y_{LB} 分别表示左下角地理坐标横坐标和纵坐标，L 表示网格尺寸。作战区域内任一点的网格坐标可用下述二元组进行表示：

网格坐标 ::=< 网格横坐标，网格纵坐标 >

- 平均海拔高度

平均海拔高度是指以平均海平面高度作为高程基准面来测定作战区域的平均高度。在陆军作战仿真中，平均海拔高度模型有以下两种：一是按照作战区域内的最高点海拔高度和最低点海拔高度的平均值作为平均海拔高度，该模型的优点是计算所需数据量小，缺点是计算得出的平均海拔高度较为粗略。二是按照作战区域内所有采样点的海拔高度的平均值作为平均海拔高度，该模型计算得出的平均海拔高度比较精确，但计算量较大，需要轮询所有采样点高度数据。采样点的确定通常包括两种方式：一是等距离间隔采样，即从作战区域边界的某一点开始，沿横方向和纵方向按照相等距离间隔进行采样，距离间隔值按照满足作战仿真的最细粒度进行确定。二是不等距离间隔采样，即采集作战区域内具有代表性的高度点作为采样点。两种平均海拔高度模型分别表示如下

$$H_{ave}=\frac{H_{max}+H_{min}}{2}$$

$$H_{ave}=\frac{\sum_{i=1}^{n}H_i}{n}$$

式中：H_{ave} 表示平均海拔高度，H_{max} 表示最高点海拔高度，H_{min} 表示最低点海拔高度，H_i 表示采样点的海拔高度。

- 地形起伏状况

地形起伏状况主要描述作战区域的宏观地形特征，通常采用最大地表高差和最大地形坡度进行衡量。最大地表高差主要描述作战区域内地表高度的最大落差，通常采用最高点海拔高度与最低点海拔高度的差值进行表示，其模型如下

$$H_{delta}=H_{max}-H_{min}$$

其中 H_{delta} 表示地表高差。

最大地形坡度主要描述作战区域内地形的总体起伏状况。地形坡度的表示方法有百分比法、度数法、密位法和分数法 4 种，其中以百分比法和度数法较为常用。

百分比法是以最高点的海拔高度和最低点的海拔高度的差值与其水平距离的百分比来表示坡度，其模型如下

$$G=\frac{H_{max}-H_{min}}{\sqrt{(X_{max}-X_{min})^2+(Y_{max}-Y_{min})^2}}\times 100\%$$

其中：G 表示地形坡度，X_{max} 和 Y_{max} 分别表示最高点的横坐标和纵坐标，X_{min} 和 Y_{min} 分别表示最低点的横坐标和纵坐标。

使用百分比法表示时，地形坡度值应该表述为水平距离每 100 米，垂直方向上上升或下降若干米。如地形坡度为 3%，表示水平距离每 100 米，垂直方向上上升或下降 3 米。

度数法是以最高点和最低点的连线与水平面的夹角来表示坡度，通常采用反三角函数计算而得，其模型下

$$G=\arctan\left(\frac{H_{max}-H_{min}}{\sqrt{(X_{max}-X_{min})^2+(Y_{max}-Y_{min})^2}}\right)$$

- 土质

土质是指土壤的构造和性质，通常依据土壤中不同大小直径矿物颗粒的组成情况来划分土质类型。在陆军作战仿真中，土质主要包括两方面的内容：一是野外自然情况下的土质，一般分为砂土质、壤土质、黏土质、岩石质等类型。二是人类活动影响下的土质，主要包括水泥质、砂石质、沥青质等。土质反映了作战区域内地表某一局部的形态特征，在对土质进行建模描述时，通常依据作战区域的网格坐标进行定位，以地形网格内占较大比重的土质情况来描述其土质的总体特征。土质模型可采用下述三元组进行描述：

土质 ::=< 网格横坐标，网格纵坐标，土质类型 >

- 地形高程

地形高程是指作战区域内某一点沿铅垂线方向到高程基准面的距离。在地形高程的定量描述中，多采用标高法。在标高法中，通常使用三维笛卡儿坐标系 xyz，其中 xy 轴在水平面上，z 轴垂直该平面，指向地心相反方向。坐标 z 可用来表示点 (x,y) 处的地形高程。如果 z 能够表示成 (x,y) 的函数，那么曲面 $z=f(x,y)$ 可用来确定任一点的地形高程。由于地形的复杂性，要准确地确定曲面 $z-f(x,y)$ 的解析表达式几乎是不可能的，多数情况下只能采用简化的方法来近似地表示地形高程。在陆军作战仿真中，

出于计算复杂度的考虑,常用的地形高程建模方法主要有网格法和剖线法。

① 网格法

网格法是把作战区域划分成大小相同的网格,利用网格顶点的标高值来构造出表示地形高程的数学模型。由于地形的复杂性,在对其进行高程量化时,还必须做出一些简化假设条件。所做的假定不同,数学模型也不相同,在网格法中主要有以下 4 种地形高程计算模型:一是平均标高法。平均标高法假定在同一网格内的地形高程相同,其高程值一般取网格顶点高程的平均值。以正方形网格为例,如图 4-3 所示。

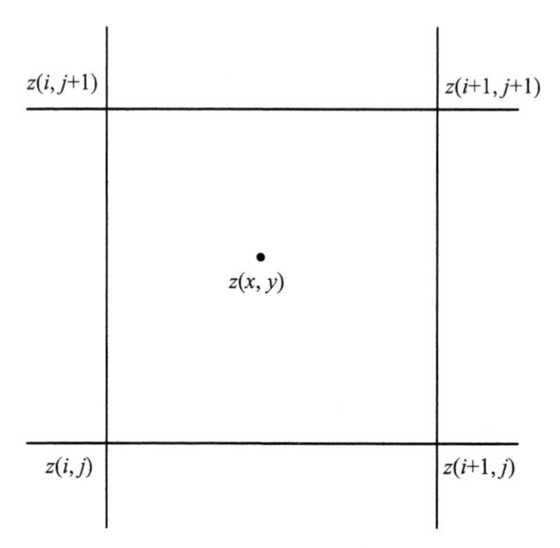

图 4-3 平均标高法

则作战区域内任一点 (x,y) 处的地形高程可采用下式计算:

$$z(x,y)=\frac{(z(i,j)+z(i+1,j)+z(i,j+1)+z(i+1,j+1))}{4}$$

式中:

$$z(x,y)=z(x_i,y_j)$$

$$x_i \leqslant x < x_{i+1}$$

$$y_j \leqslant y < y_{j+1}$$

二是线性插值法。线性插值法假定同一网格内的地形高程沿 x 轴和 y

轴方向呈线性变化，其高程值按照网格顶点高程进行线性差值获得。以正方形网格为例，如图 4－4 所示。

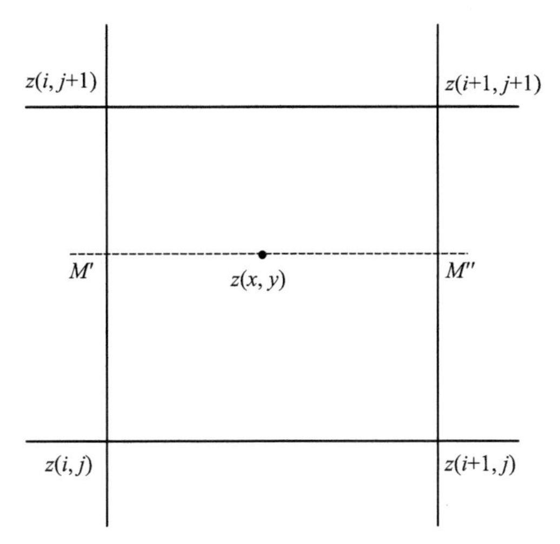

图 4－4　线性插值法

为了计算作战区域内任一点 (x, y) 处的地形高程，需要先求出两个过渡点 M' 和 M'' 处的地形高程 z' 和 z''。假设网格边长为 L，则过渡点 M' 和 M'' 处高程依据下式计算：

$$z' = z_{i,j} + (z_{i,j+1} - z_{i,j})\frac{y - y_j}{L}$$

$$z'' = z_{i+1,j} + (z_{i+1,j+1} - z_{i+1,j})\frac{y - y_j}{L}$$

则 (x, y) 处地形高程为

$$z(x, y) = z' + (z'' - z')\frac{x - x_i}{L}$$

三是三角形平面法。三角形平面法是以网格的 3 个顶点来构建三角形平面函数并以此来确定地形高程。以正方形网格为例，如图 4－5 所示。图中，正方形网格对角线上点 (x, y) 如果满足关系式 $x - x_i = y - y_j$，那么对于左上三角形中的任一点都有 $x - x_i < y - y_j$，右下三角形中的任一点都有 $x - x_i > y - y_j$。上述两关系式可用于判断网格内的点位于任何位置。

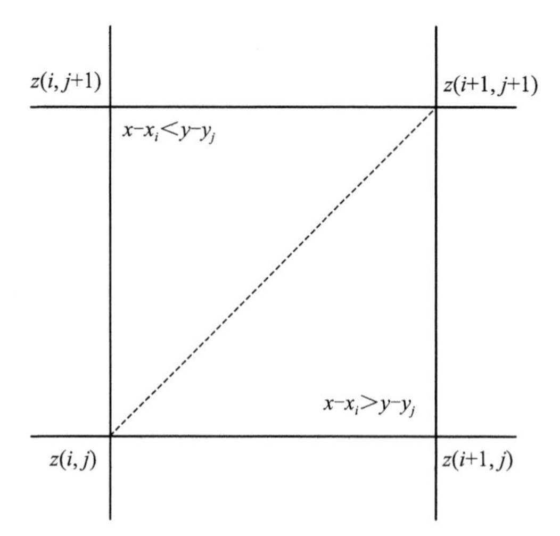

图 4-5　三角形平面法

由于三点可确定一平面，则平面内任一点的高程可由三角形 3 个点的高程确定。对于右下角三角形，可建立如下平面方程：

$$\begin{vmatrix} x & y & z & 1 \\ x_i & x_j & z_{i,j} & 1 \\ x_{i+1} & x_j & x_{i+1,j} & 1 \\ x_{i+1} & x_{j+1} & x_{i+1,j+1} & 1 \end{vmatrix} = 0$$

整理后可得

$$z(x,y)=z_{i,j}+(z_{i+1,j}-z_{i,j})\frac{x-x_i}{L}+(z_{i+1,j+1}-z_{i+1,j})\frac{y-y_j}{L}$$

同理，左上角三角形任一点的高程可采用下式进行计算：

$$z(x,y)=z_{i,j}+(z_{i+1,j+1}-z_{i,j+1})\frac{x-x_i}{L}+(z_{i+1,j+1}-z_{i,j})\frac{y-y_j}{L}$$

四是四点曲面法。四点曲面法是以网格顶点来构建曲面函数并以此来确定地形高程。以正方形网格为例，设近似表示实际地形的空间二次曲面函数形式为

$$z(x,y)=Axy+Bx+Cy+D$$

在上述假定之下，式中的4个系数可用正方形网格的4个顶点坐标和高程表示。

$$A=\frac{1}{L^2}(z_{i,j}-z_{i+1,j}-z_{i,j+1}+z_{i+1,j+1})$$

$$B=\frac{1}{L^2}[-y_{j+1}(z_{i,j}-z_{i+1,j})+y_j(z_{i,j+1}-z_{i+1,j+1})]$$

$$C=\frac{1}{L^2}[-x_{i+1}(z_{i,j}-z_{i,j+1})+x_i(z_{i+1,j}-z_{i+1,j+1})]$$

$$D=\frac{1}{L^2}[x_{i+1}(y_{j+1}z_{i,j}-y_jz_{i,j+1})-x_i(y_{j+1}z_{i+1,j}-y_j z_{i+1,j+1})]$$

在上述4种地形高程计算模型中，平均标高法最简单，但精度比较低且边界不连续。线性插值法和三角平面法虽然保证了网格内的地形高程连续，但在网格交界处曲面不光滑。四点曲面法是用一系列曲面来近似表示网格地形，模型计算比较复杂。在采用网格法进行地形高程建模时，须综合考虑地形类型、应用级别、仿真规模以及仿真效率等因素。

② 剖线法

剖线法是指沿某一轴线对作战区域进行等间隔或不等间隔划分，过轴线上的划分点作垂直于轴线的垂线，利用垂线与地形等高线交点的坐标和高程，通过线性插值来计算作战区域内任一点的地形高程，如图4-6所示。图中，剖线 x_i 与地形等高线的交点序列为 $y_{i1},y_{i2},\cdots,y_{im}$，交点相应的地形高程为 $z_{i1},z_{i2},\cdots,z_{im}$。假设 $M(x,y)$ 为作战区域中的任一给定点，其相邻的两条剖线分别为 x_i 与 x_{i+1}，过 M 点作 x 轴的平行线，与剖线 x_i 和 x_{i+1} 的交点分别为 M_1 和 M_2，如图4-7所示。

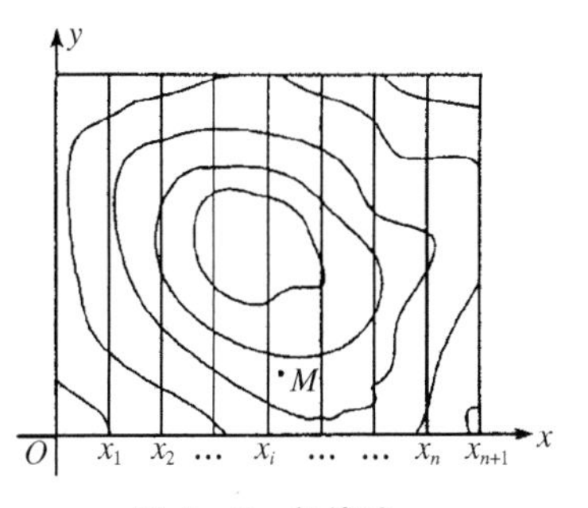

图4-6　剖线法

假设地形等高线之间高程呈线性变化，利用线性插值原理可得 M_1 点和 M_2 点的地形高程分别为

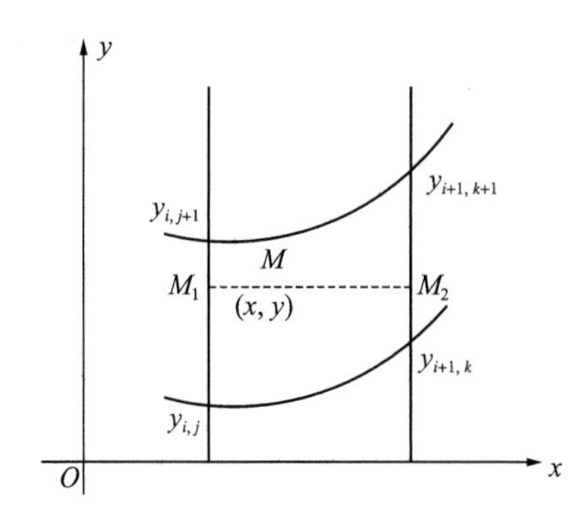

图 4－7　M 点所在区域放大图

$$z_1 = z_{i,j} + \frac{z_{i,j+1} - z_{i,j}}{y_{i,j+1} - y_{i,j}}(y - y_{i,j})$$

$$z_2 = z_{i+1,k} + \frac{z_{i+1,k+1} - z_{i+1,k}}{y_{i+1,k+1} - y_{i+1,k}}(y - y_{i+1,k})$$

则 $M(x, y)$ 点的地形高程可采用下式计算：

$$z = z_1 + \frac{z_2 - z_1}{x_{i+1} - x_i}(x - x_i)$$

- 坡度

坡度主要描述局部的地形起伏状况，其建模方法可参考地形起伏状况中采用度数法对最大地形坡度建模的描述。

（3）地物建模

地物建模的内容主要是对植被、自然障碍、居民地、桥梁、独立物、道路、高压电网等信息进行定量描述。地物建模要素依据要素特征可归为以下 3 种类型：一是点状地物，如自然障碍、桥梁、独立物等。二是线状地物，如道路、高压电网。三是面状地物，如植被、居民地。

- 点状地物

在陆军作战仿真中，对点状地物的描述不仅要关注其地理位置信息，还要依据具体地物特征描述其相关属性。如：自然障碍要描述其幅员、深度、高度、宽度等；桥梁要描述其长度、宽度、载重、类型等。点状地物模型可采用下述三元组进行描述：

点状地物 ::=＜ 地理横坐标，地理纵坐标，地物特征属性 ＞

• 线状地物

在陆军作战仿真中，线状地物的建模主要关注地理坐标、长度、宽度、走向以及线网等信息。其中，线网信息的描述是线状地物建模的重点。线网信息可采用数据结构中的图进行描述，其模型如下：

线网::=＜ 线路顶点，线路弧线 ＞

在线网模型基础上，线状地物模型可采用下述复合二元组进行描述：

线状地物 ::=＜｛线网｝，地物特征属性 ＞

• 面状地物

面状地物的建模除关注其地理位置和相关特征属性外，最为重要的是对其空间区域信息的描述。空间区域的平面几何形状主要有三角形、四边形、不规则多边形、圆形、椭圆等类型。在陆军作战仿真中，为统一对空间区域进行描述，并出于降低模型复杂度的考虑，通常采用不规则多边形对空间区域进行建模，其模型描述如下：

空间区域::=＜ 坐标点数，地理坐标 ＞

在空间区域模型基础上，面状地物模型可采用下述复合二元组进行描述：

面状地物 ::=＜｛空间区域｝，地物特征属性 ＞

(4) 水文建模

水文建模的内容主要是对江河、湖泊、水库等信息进行定量描述。水文建模要素的特征主要体现为线状和面状两类，其建模方法与地物建模中的线状地物和面状地物相似。

3. 地理环境仿真要素结构设计

地理环境要素结构是在地理环境要素建模的基础上，对地理环境要素的数据结构和软件程序结构进行的设计。

(1) 空间位置信息结构设计

空间位置信息结构主要包括地理坐标结构和地形网格坐标结构两方面内容。其中，地理坐标结构主要负责对地理位置信息进行统一定义，地形网格坐标结构负责对地形网格信息进行定义。空间位置信息结构的设计不仅要能够详细描述地理坐标和地形网格坐标的具体信息，而且还要提供一致的接口定义。空间位置信息接口 ICoordInfo 定义如图 4－8 所示。

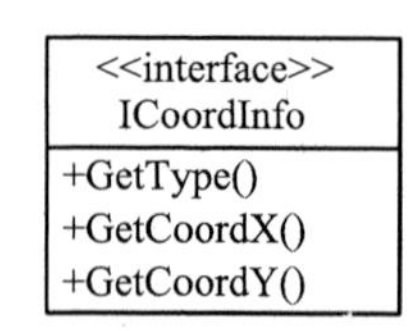

图 4－8　ICoordInfo 抽象接口图

ICoordInfo 接口定义了空间位置信息接口的最小函数集，所有的接口函数均为纯虚函数。其中：

- GetType()接口函数提供获取坐标类型功能；
- GetCoordX()和 GetCoordY()接口函数分别提供获取横坐标和纵坐标功能。

地理坐标和地形网格坐标均派生于 ICoordInfo 接口，并针对 ICoordInfo 定义的接口函数提供具体的实现，其层次结构如图 4－9 所示。

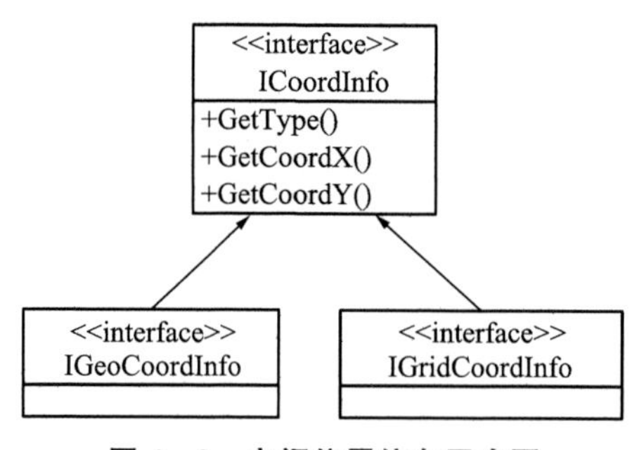

图 4－9　空间位置信息层次图

(2) 地形地物水文要素结构设计

地形地物水文要素结构负责对地形、地物以及水文要素信息进行统一描述。要素接口 IGeoFactor 定义如图 4－10 所示。

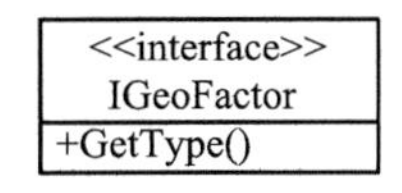

图4-10　IGeoFactor 抽象接口图

IGeoFactor 接口定义了地形、地物、水文等要素的公共接口，各要素均派生于该接口，并针对所关注的描述内容进行拓展，其接口层次结构如图4-11所示。

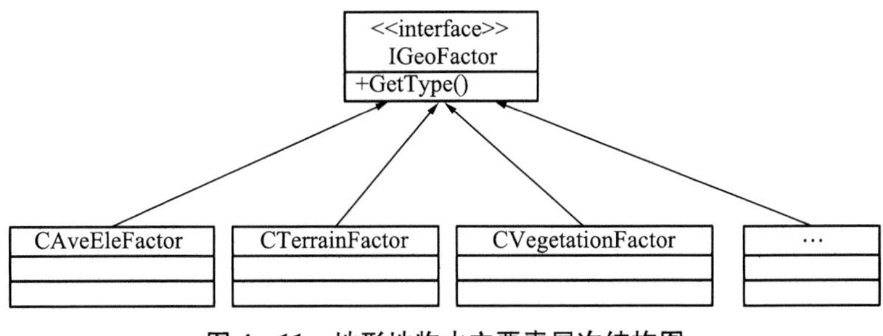

图 4-11　地形地物水文要素层次结构图

(二) 地理环境对作战的影响设计

以陆军为例，地理环境是对陆军作战起重大影响的因素之一，不仅对战术通信、探测、攻击、防护等战术动作有重要影响，而且还对陆军部队遂行情报侦察、火力打击、后装保障等作战行动起极大制约作用。因此，分析研究地理环境对陆军作战的影响机理，抽象出影响的主要因素，对深化和完善地理环境仿真理论研究起重要促进作用。

1. 地理环境对作战的影响机理分析

以陆军作战仿真为例，地理环境对作战的影响主要关注以下六个方面：对战场机动的影响；对侦察探测的影响；对战术通信的影响；对战场防护的影响；对攻击的影响；对防御的影响。

(1) 对战场机动的影响

地理环境对战场机动的影响主要体现在降低或提高装备或部队正常的

机动速度,迟滞或加速战场机动行动。地理环境影响战场机动的因素较多,主要表现在以下方面:

• 平均海拔高度:该因素主要起降低战场机动速度的作用。随着平均海拔高度的升高,空气中氧气含量逐渐降低,武器装备和作战人员的作战效能将受到极大牵制。

• 土质:该因素与战场机动互相影响。松软的土质将降低战场机动速度,而坚硬的土质往往能提高战场机动速度。同时,由于部队尤其是重装部队实施的战场机动往往会对地面造成破坏,使得地面土质状况发生变化,反过来影响战场机动。

• 坡度:该因素既可迟滞战场机动,又能加速战场机动。在装备或作战人员爬坡能力范围内,上坡主要起迟滞作用,而下坡则起加速作用。超出爬坡能力范围之外,则主要起迟滞作用。

• 道路:该因素可提高战场机动速度,通常按照道路机动速度进行计算。

• 河流和湖泊:两因素主要起迟滞作用。对不具备两栖机动能力的陆军装备和部队,可阻断其战场机动。

• 植被和居民地:两因素主要起迟滞作用。茂密的树林和大型居民区将极大制约陆军部队的战场机动。

• 自然障碍:该因素主要迟滞战场机动,对于断崖、大型壕沟等自然障碍,将阻断陆军部队战场机动。

• 桥梁:该因素能起到正反两面作用,既能保障陆军部队在渡河时顺利通行,同时又可降低战场机动速度。

(2) 对侦察探测的影响

地理环境对侦察探测的影响主要体现在降低探测设备的探测性能,甚至阻隔探测。主要表现在以下方面:

• 平均海拔高度:该因素对探测设备的影响极大,尤其是对光学、红外、雷达探测设备。随着海拔高度的升高,探测设备的性能将受到严重制约。

• 地形高程:该因素的影响分为两种情况:一是在地形通视的情况下,随着高程的升高,侦察探测效果会有一定提升。二是地形不通视,则阻断探测。

• 植被和居民地:两因素主要起降低探测效果作用,茂密的树林和大型居民区将严重影响侦察探测效果。

(3) 对战术通信的影响

地理环境对战术通信的影响主要体现在降低通信效果,甚至阻断通信。主要表现在以下方面:

• 地形起伏状况:该因素主要起降低通信效果作用,尤其是在地形起伏较大的山地,对陆军战术通信的影响极为明显。

• 地形高程:该因素主要对微波方式通信影响明显,在地形不通视情况下,微波通信基本可被阻断。

• 植被和居民地:两因素主要起降低通信效果作用,茂密的树林和大型居民区将严重影响战术通信效果。

(4) 对战场防护的影响

战场环境对战场防护的影响主要体现在提高战场防护效果。其主要表现在以下方面:

• 植被:该因素对战场防护的影响表现在通过提高隐蔽性来降低被发现概率以及提供遮蔽来降低杀伤效果。

• 居民地:该因素对战场防护的影响与植被类似,但防护效果更为明显。

• 自然障碍:该因素对战场防护的影响比较小,但对于步兵作战具有极为明显的作用。

(5) 对攻击的影响

地理环境对攻击的影响主要体现在降低攻击速度、减弱攻击强度、削弱攻击效果。其主要表现在以下方面:

• 平均海拔高度:该因素对攻击的影响表现在通过降低作战人员的身

体机能来削弱攻击效果。

• 坡度:该因素对攻击的影响是双向的。沿上坡方向发展进攻,则攻击速度降低、攻击效果减弱。沿下坡方向发展进攻,则攻击速度提高、攻击效果增强。

• 植被和居民地:两因素主要减弱攻击的速度、降低攻击强度。

(6) 对防御的影响

地理环境对防御的影响主要体现在降低或提高防御强度,具体表现在以下方面:

• 平均海拔高度:该因素对防御的影响表现在通过降低作战人员的身体机能来削弱防御效果。

• 坡度:该因素对防御的影响是双向的。沿上坡方向组织防御,则防御效果减弱。沿下坡方向组织防御,则防御效果增强。

• 植被和居民地:两因素主要提高防御强度,增强防御效果。

2. 地理环境对作战的影响建模描述

地理环境对作战的影响建模是在影响机理分析的基础上,采用格式化方法或解析法对其进行的抽象描述。采用格式化方法建模时,需要首先依据各环境要素的特点进行分类分级,而后按照级别来确定影响的修正值。影响修正值取值范围为 [0,1] 区间,其中,1 表示无影响,0 表示最大影响。通过修正值与标准作战效能值的乘积来最终确定作战效能。解析法主要通过建立解析方程来确定影响模型。

(1) 对战场机动的影响建模

影响战场机动的地理环境因素主要有平均海拔高度、地形起伏状况、土质、坡度、植被、居民地、自然障碍、桥梁、道路、河流、湖泊等。各影响模型可采用下述五元组进行描述:

机动影响模型 ::=＜ 环境要素级别, 兵种类型,兵种级别,机动类型,修正系数 ＞

以平均海拔高度为例,其对战场机动的影响模型如表 4-1 所示,其他地理环境因素对战场机动的影响模型与此类似。

表 4-1　平均海拔高度对机动的影响模型表

序号	平均海拔高度范围/m	兵种类型	兵种级别	机动类型	修正系数
1	0～1000	步兵	班	徒步	1.0
2	1000～2000	步兵	班	徒步	0.9
3	2000～3000	步兵	班	徒步	0.7
4	3000～4000	步兵	班	徒步	0.5
5	4000～5000	步兵	班	徒步	0.3
6	5000～	步兵	班	徒步	0.15

(2) 对侦察探测的影响建模

影响侦察探测的地理环境因素主要有平均海拔高度、地形高程、植被、居民地等。平均海拔高度、植被和居民地对侦察探测的影响模型采用格式化方法描述。地形高程对侦察探测的影响模型主要考虑地形通视情况，如图 4-12 所示。

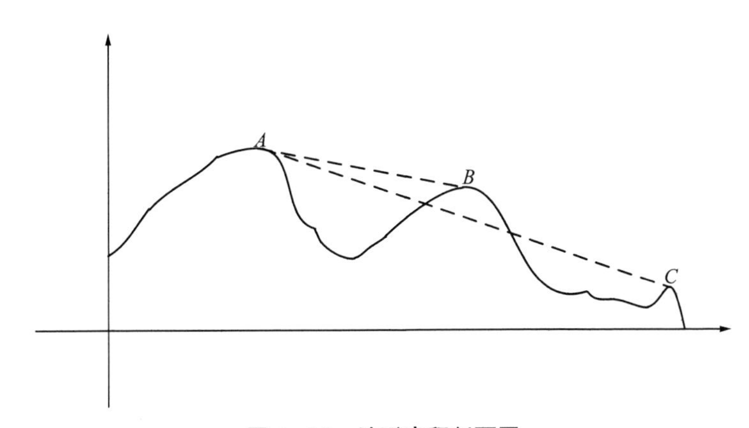

图 4-12　地形高程剖面图

从观察点 A 通过光学探测设备分别观察点 B 和点 C，点 B 由于无地形遮挡可通视，此时地形高程对侦察探测无影响，侦察探测距离受探测设备性能影响。点 C 受地形遮挡不能通视，此时侦察探测被地形高程遮断。地形通视模型是在地形高程基础上采用解析法建立，假设点 A 地理坐标为 $(x_A$，

y_A)，高程为 z_A，点 B 地理坐标为（x_B，y_B），高程为 z_B，如图 4-13 所示。

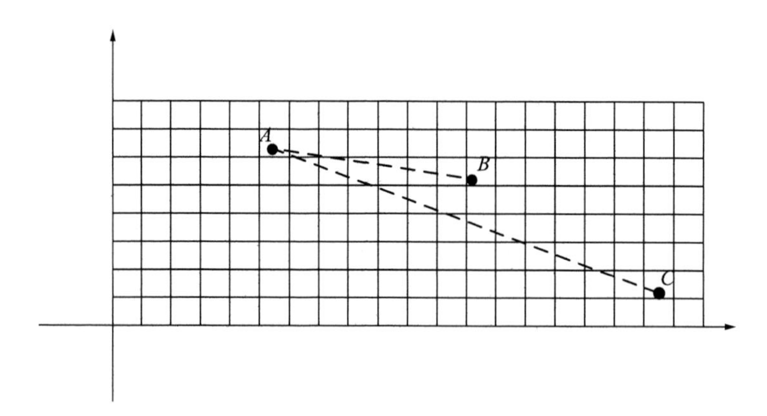

图 4-13　地形高程剖面俯视图

则过点 A 和点 B 的直线方程为

$$y - y_A = (x - x_A)\frac{y_B - y_A}{x_B - x_A}$$

依据上式可计算得出直线上任一点地理坐标（x，y），从而可获取该点地形高程值 z。那么,对于从观察点到目标点直线上的任一点,若均满足下述条件则可判断为通视,否则不通视。

$$z \leqslant z_C + (z_A - z_C)\frac{\sqrt{(x - x_C)^2 + (y - y_C)^2}}{\sqrt{(x_A - x_C)^2 + (y_A - y_C)^2}}$$

$$x_A \leqslant x \leqslant x_C, y_C \leqslant y \leqslant y_A$$

(3) 对战术通信的影响建模

影响战术通信的地理环境因素主要有地形起伏状况、地形高程、植被、居民地等。地形起伏状况、植被和居民地对战术通信的影响模型采用格式化方法描述。地形高程对战术通信的影响需要区别对待,对于微波通信,则须采用解析法建立地形通视模型予以判别。不受地形通视影响的其他通信方式可采用格式化方法进行描述。

(4) 对战场防护的影响建模

影响战场防护的地理环境因素主要有植被、居民地和自然障碍。各因素均可采用格式化方法来建立对战场防护的影响模型。

(5) 对攻击的影响建模

影响攻击的地理环境因素主要有平均海拔高度、坡度、植被和居民地。各因素均可采用格式化方法来建立对攻击的影响模型。

(6) 对防御的影响建模

影响防御的地理环境因素主要有平均海拔高度、坡度、植被和居民地。各因素均可采用格式化方法来建立对防御的影响模型。

3. 地理环境对作战的影响结构设计

地理环境对作战的影响结构设计是指对其数据结构和软件程序结构进行的设计，主要负责对影响信息进行统一描述。影响接口 IGeoFactorInflu 定义如图 4 - 14 所示。

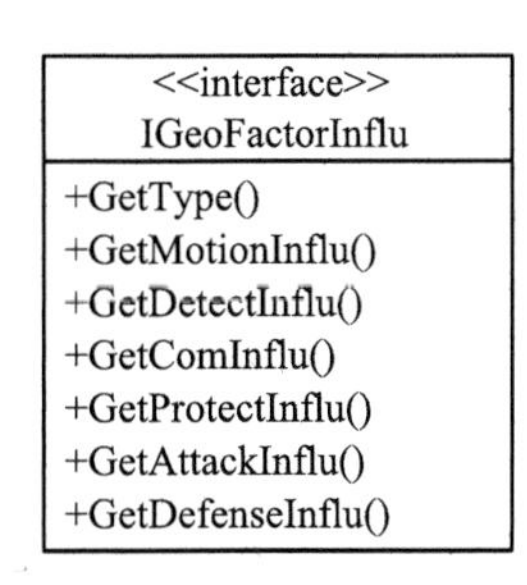

图 4 - 14　IGeoFactorInflu 抽象接口图

IGeoFactorInflu 接口定义了地理环境对作战影响的公共接口，各地理环境因素影响均派生于该接口，并针对所影响的具体内容进行实现，其接口层次结构如图 4 - 15 所示。

(三) 地理环境管理机制设计

地理环境管理是指对地理环境要素以及各要素对作战的影响进行的统一组织和调度。其管理内容具体包括地理环境要素、地理环境要素对作战的影响、地理坐标系统、地形网格系统、地理环境数据以及影响数据。地理环境管理结构设计如图 4 - 16 所示。

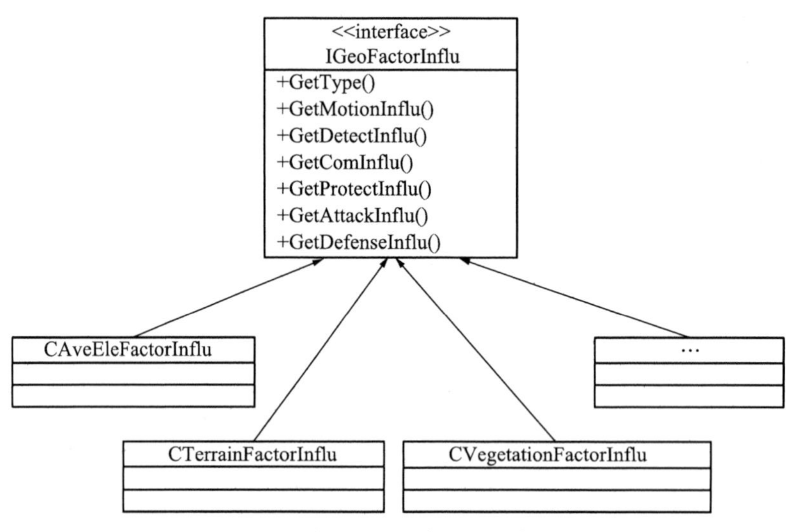

图 4-15　地理环境因素影响层次结构图

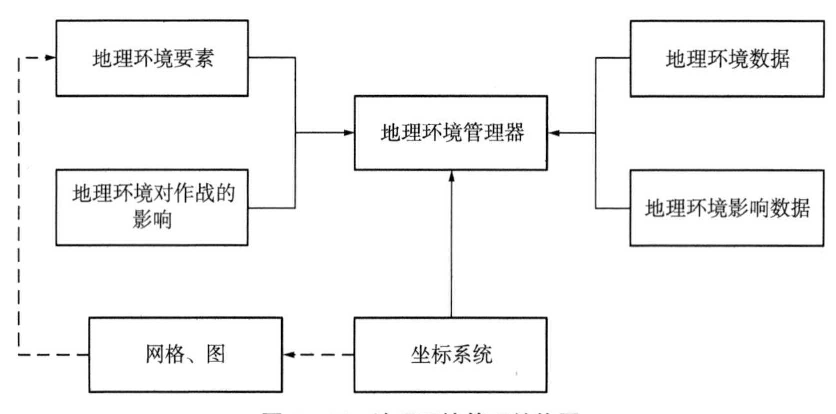

图 4-16　地理环境管理结构图

其中,地理环境管理器是整个管理的核心,其主要负责地理环境要素类型、地理环境要素对作战的影响类型以及各自实例的注册和维护。同时,还负责对地理环境数据以及影响数据的加载和解析。地理环境要素信息采用网格和图的方式进行管理和维护。地理环境管理的程序结构设计如图 4-17 所示。

其中,管理器 CGeoEnvManager 采用单子模式进行设计,主要负责地理

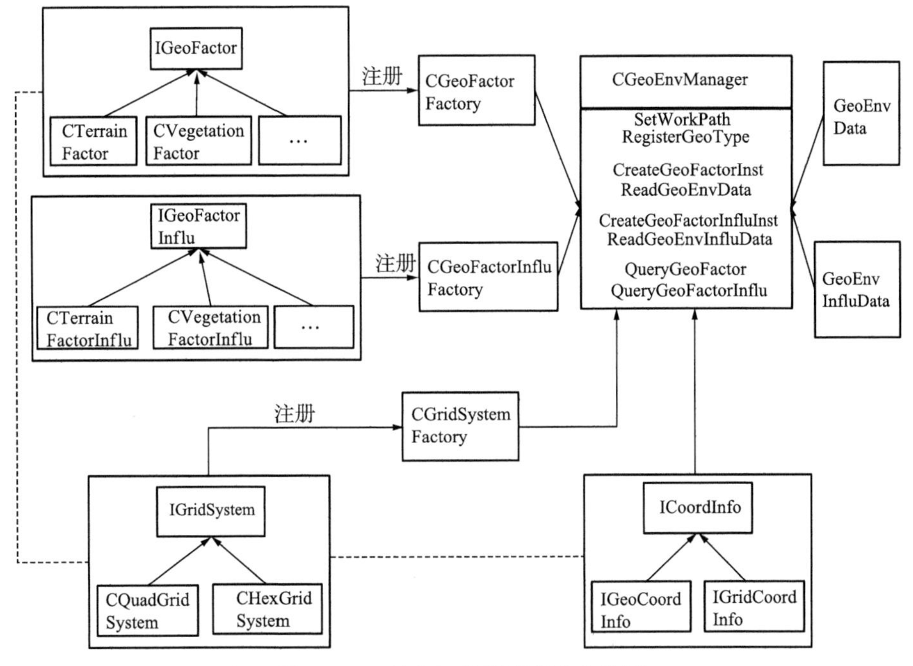

图 4－17　地理环境管理程序结构图

环境要素接口 IGeoFactor、影响接口 IGeoFactorInflu 以及地形网格接口 IGridSystem 子类类型的注册、实例创建、实例维护和查询。依据地理环境数据 GeoEnvData 和地理环境影响数据 GeoEnvInfluData 来实例化各个地理环境要素和要素对作战的影响，采用工厂模式对各个实例的创建过程进行封装，管理器内部维护相应对象的对象工厂。

二、天候环境仿真设计

同样以陆军作战为例，天候环境是对其影响最大的因素之一，不同的天候条件对作战人员和武器装备的作战效能、局部的作战行动乃至整个作战进程都将产生不同程度的影响。天候环境设计不仅包括对气候要素如春夏秋冬、气象要素如阴晴雨雪的建模和要素结构设计，还包括各种天候环境要素对陆军作战行动的影响建模和对影响的结构设计。

（一）天候环境仿真要素设计

1. 天候环境仿真要素构成分析

天候环境是对某一区域长期的气候特征如春夏秋冬四季和短期的气象特征如晴、阴、雨、雪、雾、霾、风、气温等现象的统称。以陆军作战仿真为例，天候环境主要关注气候和气象两个要素，如图 4－18 所示。

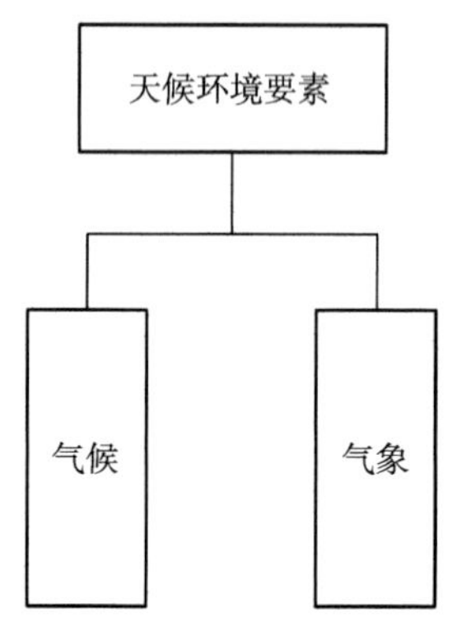

图 4－18　天候环境要素构成图

（1）气候

气候是对长期的气象特征的统称，包括春夏秋冬四季更替、月相、日出日落等。在陆军作战仿真中，主要关注作战区域不同季节中的昼夜变化情况。昼夜交替是地球在太阳系中因自转运动而形成的一种自然现象，通常采用日出日落时间进行衡量。日出时间是指太阳升起时刻，即白昼起始时间。日落时间是指太阳落山时刻，即黑夜降临时间。由于作战区域所处地理位置不同，一年之中各个季节的日出日落时间亦有差异。昼夜交替时间的差异对作战的影响直接体现为战场能见度的远近，进而影响侦察、探测、指挥、协同等战术行动。

（2）气象

气象是指作战区域内局部的大气状况。在陆军作战仿真中，主要关注晴、阴、雨、雪、雾、霾、风、气温等气象因素。各气象因素特点及其对陆军作战行动的影响描述如下：

• 晴与阴：晴天的主要特征是大气能见度好，视野开阔，视线清晰。阴天则与之相反。晴天与阴天对作战的影响主要体现在对侦察探测的影响，尤其是对目视观察和光学观察影响较大。

• 雨与雪：雨雪天气主要特征是空气湿度大，道路湿滑，能见度低。其对作战的影响主要体现在对作战人员、武器装备以及机动、侦察探测等的影响。雨雪天气空气湿度加大，使作战人员体感不适，武器装备故障率加大，性能发挥受限。同时，雨雪使地表泥泞湿滑，道路阻断或封闭，造成交通不畅，部队机动受阻。另外，雨雪还会降低大气能见度，严重阻隔视线。雨雪天气虽对陆军作战有不利影响，但若善于利用，也可隐蔽行动企图，出奇制胜。

• 雾与霾：雾霾天气主要特征是大气能见度低，视线严重受阻。其对作战的影响主要体现在对机动、侦察探测、通信的影响。雾霾使视线受限，机动速度降低，侦察探测距离缩短，通信受干扰。然而，雾霾亦可隐蔽行动企图，便于对敌实施突然袭击。

• 风：风的主要特征是空气流动速度加快，间接引起沙尘。其对作战的影响较为广泛，对作战人员、武器装备效能以及机动、侦察探测、攻击等作战行动均有影响。另外，风还影响核烟云和生化毒剂的传播速度和传播方向。

• 气温：气温是表示空气冷热程度的物理量，用于表征某一区域的热状况特征。气温对陆军作战的影响较大。气温过高，酷热难耐，会使作战人员体力下降加快、情绪烦躁、睡眠减少、易生疾病，造成非战斗减员。气温过低，会使作战人员易于冻伤、负荷加重、行动不便，造成战斗力下降。同时，气温异常还会造成武器装备性能发挥受限。另外，气温还会影响生化武器袭击效果。气温越高，化学毒剂汽化越快，对作战人员伤害越大。相反，气温越低，化学毒剂越不易汽化，甚至会丧失杀伤效果。

2. 天候环境仿真要素建模描述

天候环境要素建模是在气候要素和气象要素构成分析的基础上，对气候要素和气象要素的内在结构和外在表现的抽象描述，目的是把握天候环境要素的本质规律和主要特征，建立天候环境要素的功能模型。

(1) 气候

在陆军作战仿真中，气候建模关注的主要内容是对作战区域在不同季节中的昼夜变化情况进行定量描述。其主要涉及3个方面的内容：一是作战区域的表述。陆军作战区域通常跨度不大，一般采用代表作战区域的典型地名进行表示。二是季节时段的表述。通常采用农历纪年，以年月日方式进行区间表示。三是昼夜时间的表述。通常采用24小时制，以时分方式进行表示。

依据上述内容，气候关注要素模型可采用下述三元组进行描述：

气候关注要素 ::=＜ 作战地点，季节时段，昼夜时刻 ＞

其中，作战地点以地名表示，如××地区。季节时段是一个复合元素，采用区间时段表示，如××年××月××日至××年××月××日。昼夜时刻亦是复合元素，包含日出时刻点和日落时刻点，如日出时刻××时××分，日落时刻××时××分。

(2) 气象

气象建模的内容主要是对晴、阴、雨、雪、雾、霾、风、气温等大气现象进行定量描述。在陆军作战仿真中，通常采用某一区域在某一时段的平均大气现象来标志气象特征。在上述要素中，晴与阴两要素随时间变化不明显，其他要素则随时间变化显著。为逼真体现气象状况随时间变化的动态性，在进行描述时，应区分不同的时段粒度。另外，由于陆军作战区域跨度范围较小，对作战区域的描述采用代表该区域的典型地名予以表示。气象模型可采用下述四元组进行描述：

气象 ::=＜ 作战地点，时段，气象状况，气象属性 ＞

其中，作战地点以地名进行表示，如××地区。时段有两种粒度：一是日期，代表某天，采用年月日进行表示，如××年××月××日。二是时间区间，代表一天中不同的时间段，采用24小时制，以时分方式进行表示，如×

××时××分到××时××分。气象状况主要分为晴、阴、雨、雪、雾、霾等。气象属性主要依据气象状况进行分类描述，具体内容如表 4－2。

表 4－2　气象属性信息表

气象状况	属性
晴	能见度、温度、风速、风向
阴	能见度、温度、风速、风向
雨	雨量、温度、风速、风向
雪	雪量、温度、风速、风向
雾	雾浓度、温度、风速、风向
霾	霾浓度、温度、风速、风向

3. 天候环境仿真要素结构设计

天候环境要素结构是在天候环境要素建模的基础上，对天候环境要素的数据结构和软件程序结构进行的设计。为采用统一方式对气候、气象要素信息进行描述，定义天候环境要素接口 IWeatherFactor，具体内容如图 4－19 所示。

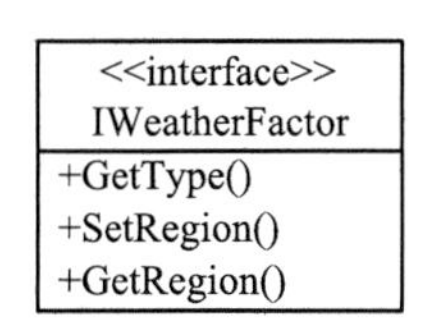

图 4－19　IWeatherFactor 抽象接口图

IWeatherFactor 接口定义了天候环境要素接口的最小函数集，所有的接口函数均为纯虚函数。其中：

- GetType()接口函数提供获取天候要素类型功能；
- SetRegion()和 GetRegion()接口函数分别提供设置和获取作战地点功能。

气候要素和气象要素均派生于公共接口 IWeatherFactor，并针对所关注的内容进行拓展，其层次结构如图 4－20 所示。

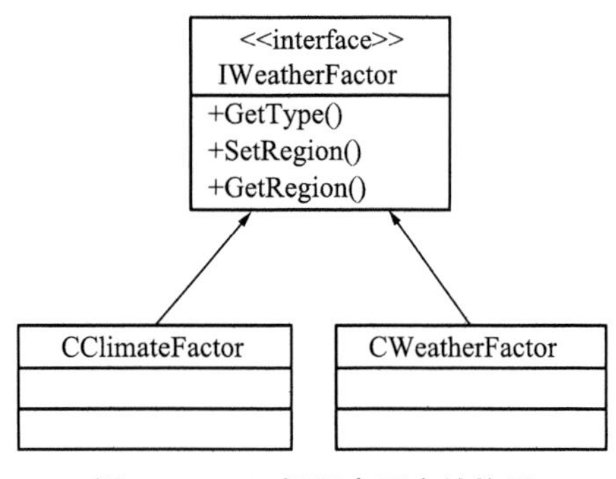

图 4-20　天候要素层次结构图

(二) 天候环境对作战的影响设计

在作战过程中,天候环境是对参战各方的作战行动均产生影响的因素,尤其是对侦察探测、战场机动、攻击行动、防御行动等影响较大。因此,分析研究天候环境对作战的影响机理,抽象出影响的主要因素,构建起影响的功能模型,设计出影响的程序结构,从而进一步深化和完善地理环境仿真理论研究。

1. 天候环境对作战的影响机理分析

以陆军作战仿真为例,天候环境对作战的影响主要关注以下 4 个方面:对战场机动的影响;对侦察探测的影响;对攻击的影响;对防御的影响。

(1) 对战场机动的影响

天候环境对战场机动的影响主要体现在降低或提高装备机动性能和作战人员运动速度,迟滞或加速战场机动行动。主要表现在以下方面:

• 昼夜:昼夜的变换主要体现为能见度的高低。昼间,大气能见度高,视线清晰,道路障碍易于辨别,利于机动。夜间,则与之相反。

• 晴阴:两因素主要针对昼间而言。晴天,能见度高,视距远,便于机动。阴天,能见度降低,视距缩短,机动会受一定程度影响。

• 雨雪:两因素不仅影响能见度,缩短视距,模糊视线,还会对道路通行状况产生影响,从而造成部队机动不便,迟滞或阻碍战场机动。

• 雾霾:两因素主要降低能见度,造成视线模糊,视距缩短,从而迟滞或阻碍战场机动。

• 风:微风不仅不会影响战场机动,而且在炎热季节还有利于部队机动。大风或狂风会对部队机动产生严重影响。

• 气温:气温过高或过低都会导致作战人员体感不适,甚至冻伤或中暑,造成行动不便。同时,气温的高低也会直接影响武器装备的机动性能,从而影响战场机动。

(2) 对侦察探测的影响

天候环境对侦察探测的影响主要体现在降低探测设备的探测距离或探测性能,从而影响侦察探测效果。主要表现在以下方面:

• 昼夜:昼间,能见度较高,对目视探测、光学探测、雷达探测影响较小。夜间,能见度降低,对目视探测和光学探测影响较大,而对红外探测、雷达探测影响较小。

• 雨雪雾霾:各因素主要降低能见度,缩短视距,从而对目视侦察、光学侦察产生较大影响。另外,降雪还可以提高或降低目标特征,改变战场伪装效果。

• 气温:气温过高或过低会降低探测设备的性能,从而影响侦察探测效果。

(3) 对攻击的影响

天候环境对攻击的影响主要体现在增强或削弱攻击效果。具体表现在:

• 昼夜:随着能见度的变化,遂行攻击行动的攻击速度会发生变化,从而影响攻击强度和攻击效果。

• 雨雪雾霾:各因素会降低攻击速度,减弱攻击强度,削弱攻击效果。

• 气温:气温异常对武器装备和作战人员都会产生不良影响,使武器装备故障率上升,作战人员体能下降,从而削弱攻击效果。

(4) 对防御的影响

天候环境对防御的影响主要体现在增强或削弱防御效果。昼间以及异常气温会降低防御能力，削弱防御效果。夜间、雨、雪、雾、霾天气则会增强防御效果。

2. 天候环境对作战的影响建模描述

由于天候因素成因多，随机性强，概率特征分布不明显，在对其影响进行建模时，通常采用格式化方法。其建模步骤是首先依据各天候要素的特点进行分类分级，而后按照级别来确定影响的修正值。天候要素级别是指对同一要素不同水平上的基本特征的定量描述，如按照风速大小将风速级别定为无风、微风、大风、狂风四级。按照雨量大小将雨量级别定为小雨、中雨、大雨、暴雨、特大暴雨五级。影响修正值取值范围为［0,1］区间，其中，1表示无影响，0表示最大影响。通过修正值与标准作战效能值的乘积来最终确定作战效能。

（1）对战场机动的影响建模

影响战场机动的天候环境因素主要有昼夜、晴阴、雨雪、雾霾、风、气温等。各影响模型可采用下述五元组进行描述：

机动影响模型 ::=＜ 环境要素级别，兵种类型，兵种级别，机动类型，修正系数 ＞

以降雨为例，其对战场机动的影响模型如表 4-3 所示，其他天候环境因素对战场机动的影响模型与此类似。

表 4-3　降雨对机动的影响模型表

序号	雨量级别	兵种类型	兵种级别	机动类型	修正系数
1	小雨	步兵	班	徒步	1.0
2	中雨	步兵	班	徒步	0.8
3	大雨	步兵	班	徒步	0.7
4	暴雨	步兵	班	徒步	0.5
5	特大暴雨	步兵	班	徒步	0.3

（2）对侦察探测的影响建模

影响侦察探测的天候环境因素主要有昼夜、雨、雪、雾、霾、气温等。各因素均可采用格式化方法来建立对侦察探测的影响模型。各影响模型可采用下述五元组进行描述：

侦察探测影响模型 ::=＜ 环境要素级别，侦察探测手段，目标兵种，目标级别，修正系数 ＞

（3）对攻击的影响建模

影响攻击的天候环境因素主要有昼夜、雨、雪、雾、霾、气温等。各因素均可采用格式化方法来建立对攻击的影响模型。各影响模型可采用下述六元组进行描述：

攻击影响模型 ::=＜ 环境要素级别，兵种类型，兵种级别，目标兵种，目标级别，修正系数 ＞

（4）对防御的影响建模

影响防御的天候环境因素主要有昼夜、雨、雪、雾、霾、气温等。各因素均可采用格式化方法来建立对防御的影响模型。各影响模型可采用下述六元组进行描述：

防御影响模型 ::=＜ 环境要素级别，兵种类型，兵种级别，目标兵种，目标级别，修正系数 ＞

3. 天候环境对作战的影响结构设计

天候环境对作战的影响结构设计是指对其数据结构和软件程序结构进行的设计，主要负责对影响信息进行统一描述。影响接口 IWeatherFactorInflu 定义如图 4 - 21 所示。

<<interface>> IWeatherFactorInflu
+GetType() +GetMotionInflu() +GetDetectInflu() +GetAttackInflu() +GetDefenseInflu()

图 4 - 21　IWeatherFactorInflu 抽象接口图

IWeatherFactorInflu 接口定义了天候环境对作战影响的公共接口，各天候环境因素影响均派生于该接口，并针对所影响的具体内容进行实现，其接口层次结构如图 4－22 所示。

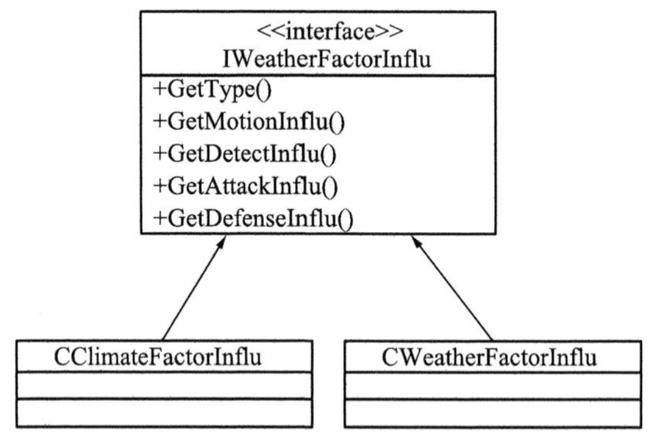

图 4－22 天候环境因素影响层次结构图

（三）天候环境管理机制设计

天候环境管理是指对天候环境要素以及各要素对作战的影响进行的统一组织和调度。其管理内容具体包括天候环境要素、天候环境要素对作战的影响、天候环境数据以及影响数据。天候环境管理结构设计如图 4－23 所示。

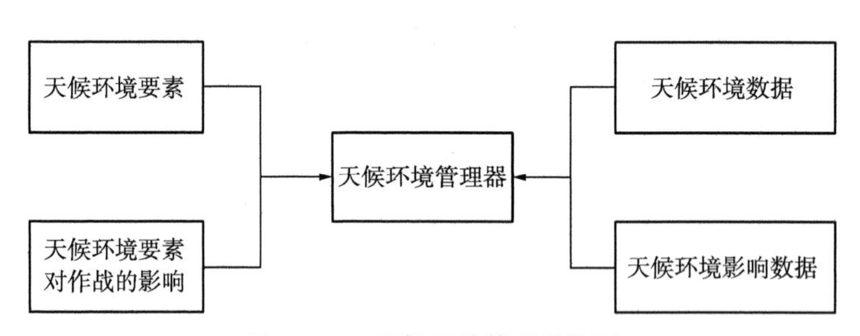

图 4－23 天候环境管理结构图

其中，天候环境管理器是整个管理的核心，其主要负责天候环境要素类型、天候环境要素对作战的影响类型以及各自实例的注册和维护。同时，还负责对天候环境数据以及影响数据的加载和解析。天候环境管理的程序结构设计如图 4－24 所示。

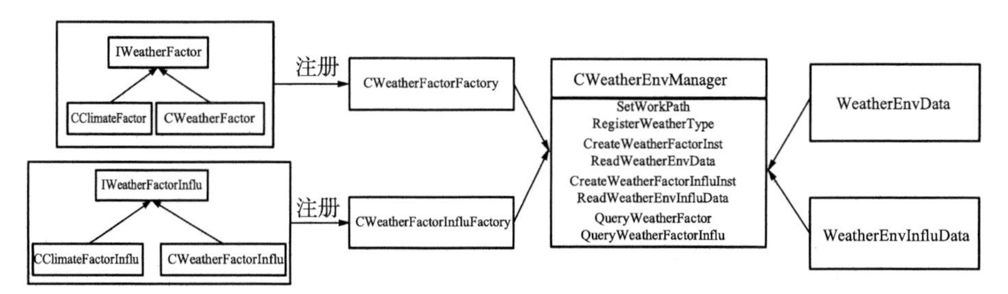

图 4－24　天候环境管理程序结构图

其中，管理器 CWeatherEnvManager 采用单子模式进行设计，主要负责天候环境要素接口 IWeatherFactor 和影响接口 IWeatherFactorInflu 的子类类型的注册、实例创建、实例维护和查询。依据天候环境数据 WeatherEnvData 和天候环境影响数据 WeatherEnvInfluData 来实例化各个天候环境要素和要素对作战的影响，采用工厂模式对各个实例的创建过程进行封装，管理器内部维护相应对象的工厂。

第五章　组件化建模仿真平台数据资源管理系统设计

数据资源管理系统是组件化建模仿真平台的信息交换枢纽，主要职能是为平台提供规范、一致、高效的数据访问、数据存储、数据维护和管理服务。数据资源是建模平台中的基础性资源，在平台中以多种样式存在。如：装备性能数据、模型规则数据、环境影响数据等以结构化数据表样式存在；模型配置数据、模型装配数据、系统配置数据等以 INI 文件和 XML 文件的形式存在；地图数据、影像数据、视音频数据等以二进制方式存在。如何对上述各种样式的数据进行科学合理地分类，建立统一规范的数据管理和访问机制，对于增强数据访问的灵活性和安全性以及提高平台的可扩展性具有十分重要的作用。

一、数据资源分类

按照不同的分类标准，数据资源的分类亦有区别。如：按照数据类别进行分类，可分为编制数据、编成编组数据、装备性能数据、弹药性能数据、模型规则数据、模型模板数据、实体装配数据等；按照兵种性质进行分类，可分为步兵数据、装甲兵数据、炮兵数据、防空兵数据、陆军航空兵数据、工程兵数据、防化兵数据等;按照数据来源进行分类,可分为平台运行时状态数据、序列化数据、日志数据等;按照数据表现形式进行分类,可分为结构化数据和非结构化数据。此外,还可以根据时间、类型、内容等对数据资源进行分类。数据资源的应用需求决定了采取的分类方式,在平台中,按照数据表现形式进行分类有利于采用统一、规范的方式对数据进行访问和管理。

(一) 结构化数据

结构化数据是指可以采用某种逻辑结构进行组织和管理的数据,此类数据具有一致的语义、数据类型和规范的表达方式。通常,此类数据采用二维表方式进行组织,采用数据库方式进行管理。平台中涉及的结构化数据主要包括编制数据、编成编组数据、装备性能数据、弹药性能数据、物资器材数据、模型规则数据、计划数据等。每一类数据的具体字段均具有明确的含义、数据名称、数据类型、数据长度、默认值等。

结构化数据通常采用本地数据库或中大型数据库进行管理,常见的数据库管理工具主要有 SQLLite、Access、Mongo 等本地数据库以及 SQLServer、Oracle 等中大型数据库。本地数据库与中大型数据库相比除具有基本的数据库管理、数据表维护、数据维护以及用户维护等基本功能之外,还具有使用方便、操作简洁、体积小巧的优势。但是在并发访问、数据安全以及效率上存在短板。因此,结构化数据的管理应根据数据规模、数据组织方式、管理使用方式等来选择合适的管理工具。

(二) 非结构化数据

非结构化数据是指无法用统一的逻辑结构来表示的数据,如文档、文本、图片、XML 文件、HTML 文件、报表、图像、音频和视频等。在陆军作战仿真组件化建模平台中,非结构化数据通常以文件方式进行组织,典型的有 INI 配置文件、XML 可扩展标记语言文件以及二进制文件。

1. INI 配置文件

INI 是 Initial(初始化)的缩写,它是微软视窗操作系统中的文件扩展名。INI 文件即初始化文件，它是视窗系统所采用的配置信息存储格式，通常用来存储系统初始化参数和配置参数，统管视窗系统的各项配置参数。配置文件在操作系统和应用程序中起着至关重要的作用，通过将配置信息存储在文件中，可以实现程序在部署后仍能根据需要进行灵活配置。缺少配置文件的程序是一种封闭式的软件，它的所有配置信息均采用硬编码方式，一旦需要改变参数，必须修改程序源代码并进行重新编译，此种方式导致程序僵化、灵活性不足。

INI 文件本质上是一种固定格式的文本文件，文件中存储的信息由注释、节、键、值组成，如图 5-1 所示。

```
;注释
[节名称]
键 = 值
```

图 5-1 INI 文件存储信息格式

其中，注释是对文件中存储信息的解释，以分号进行标记。键和值成对出现，中间以等号进行连接，形成一条基本的配置信息。一条或多条配置信息组合在一起形成逻辑上的一个节，节名称独占一行，采用方括号进行标记。节没有明显的结束标志，其声明之后的所有配置信息均属于该节，直至下一个节声明开始或者文件结尾。

INI 文件的结构和功能决定了其具有以下特点：

(1) 数据量小。INI 文件一般存储与系统初始化相关的参数，因此数据量通常比较小。

(2) 结构简单。INI 文件仅由注释、节、键、值组成，且节与节不能嵌套，所有节顺序排列，结构简单清晰。

(3) 易于编辑。INI 文件本质上是文本文件，可以由文本编辑器直接打开。另外，由于文件仅支持顺序存储，内容逻辑清晰，因此编辑内容十分方便。

在陆军作战仿真组件化建模平台中，INI 格式文件主要用于存储配置信息，如数据库连接参数、资源数据路径以及其他初始化参数等。

2. XML 可扩展标记语言文件

XML 是 Extensible Markup Language（可扩展标记语言）的缩写，它是一种元标记语言。在 XML 文件中，通过定义标签来标志文件内容，所有的标签均可由用户定义。XML 具备的自定义标签功能使其可以根据需要设计文档格式，简单方便地存储各种类型的信息。如存储武器装备性能信息，可以先定义“装备列表”标签，表示该标签中存储的是多辆（套）武器装备，而后在“装备列表”标签中嵌套定义“装备”标签，表示该标签中存储的是某辆装备，再之后在“装备”标签中嵌套定义各类参数标签，如装备 ID、装备名称、出厂时间等。通过标签的嵌套定义可以实现各类武器装备数据的灵活存储，如图 5－2 所示。

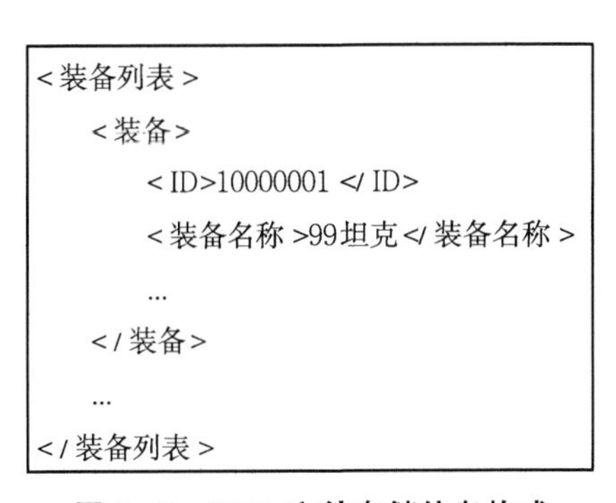

图 5－2　XML 文件存储信息格式

当前，XML 文件格式在计算机领域发挥着越来越重要的作用，已经成为数据存储和交换的公共文件格式之一，其主要具有以下特点：

（1）自描述性。XML 是一种标记语言，其内容由相应的标签进行标志。由于标签是由用户定义，因此具有自描述的特点。

（2）内容与显示相分离。XML 主要用于定义数据格式，其只关注描述数据本身，与数据显示相关的内容则交由外部程序处理，具有内容和显示相分离的特点。

(3) 可扩展性强。XML 中的标签和属性均由用户定义,实际应用中可以根据需要灵活组织,因此具有很强的可扩展性。

XML 文件本质上也是一种文本文件,但其遵循可扩展标记语言的语法规则。与 INI 文件中的节顺序排列不同,XML 文件中的标签可以嵌套使用,因此 XML 文件能够存储具有重复结构特征的数据。在陆军作战仿真组件化建模平台中,XML 文件格式主要用于存储武器装备性能数据、模型模板数据、实体装配数据、想定方案数据、运行状态数据等。

3. 二进制文件

在计算机系统中,文件可分为文本文件和二进制文件两类。文本文件是一种基于字符编码的一类文件,常见的编码方式有 ASCII、UNICODE 等。二进制文件则是指除文本文件以外的文件类型,是一种可根据应用需要进行自由编码的文件格式。由于计算机中文件的物理存储均采用二进制方式,因此文本文件和二进制文件的区别主要是逻辑编码的不同。

由于二进制文件采用自由的编码方式,其主要具有以下特点:

(1) 节约空间。二进制文件中数据的含义是由编码方式决定的,一个比特就可以代表一条信息,而文本文件表示相同的信息至少需要一个字节。

(2) 安全性高。不同的二进制文件一般采用不同的编码方式,若不了解编码方式,即使能够读取文件内容也不能解码,因此具有较高的安全性。通常,二进制文件需要专门的应用程序才能浏览。

在陆军作战仿真组件化建模平台中,二进制文件主要用于存储两种类型的数据:一是自定义格式的数据,如对象序列化数据、地形高程数据、植被覆盖数据等。二是平台认证数据,如用户身份认证数据、软件注册序列号数据等。

二、数据资源管理设计

(一) 数据资源管理

数据资源管理是应用各种手段对数据资源进行收集、存储、维护等一系列活动的总和。随着数据量的增长,数据资源的类型、格式、内容也千差万别,数据资源管理的作用就是对数据资源进行统一管理,确保数据的正确、有效、全面、完整,为数据资源的访问、检索提供便捷手段,提高数据的利用效率。数据资源管理是数据处理的基础,其主要完成以下 3 个方面的工作:一是组织和归档数据。将收集到的数据进行合理地分类组织并归档保存。二是维护数据。依据实际需要对数据进行增加、修改、删除等维护工作。三是进行数据查询和统计。

随着计算机技术的发展,数据资源管理经历了人工管理、文件系统管理、数据库系统管理 3 个阶段。

1. 人工管理阶段

20 世纪 50 年代以前,计算机主要用于科学计算,当时没有磁盘等存储设备,也没有数据管理软件,只有纸带、卡片、磁带等存储介质,主要依靠人工方式对数据进行管理。该阶段数据管理的特点是:

(1) 数据不长期保存。由于当时计算机属于大型公共资源,并且主要服务于科学计算,通常是在实际计算时才输入数据,计算完就撤走,不需要对数据进行长期保存。

(2) 数据由应用程序管理。数据通常由应用程序进行设计、管理和说明,没有专门软件负责数据的管理工作。每个应用程序不仅要负责业务逻辑的设计,还要负责数据存储结构、存取方法和输入方法等的设计,另外还必须考虑数据物理存储方面的内容。

(3) 数据不共享。数据是面向应用程序的,一组数据只能对应一个程序，程序与程序之间数据不能共享。

2. 文件系统管理阶段

20 世纪 50 年代后期到 60 年代中期，随着计算机软硬件的发展，对数据资源的管理发展到文件系统管理阶段。这一时期把计算机中的数据组织成相互独立的数据文件，并按照文件名称进行访问。相比人工管理阶段，文件系统管理阶段在数据资源管理的手段和方法上有了很大改进。该阶段数据管理的特点是：

(1) 数据长期保存。由于硬件技术的发展，存储设备日益成熟，数据被设计在外部存储设备中进行长期保存。

(2) 数据由专用软件管理。在文件系统中，有专门的软件提供数据存取、查询、修改和管理功能。另外，还为数据文件的逻辑结构与存储结构提供转换方法，程序员在设计软件时不必考虑物理储存细节，使得程序的设计和维护工作量大大减小。

(3) 数据共享性差。在文件系统中，一种文件格式基本上对应一个应用程序，即文件仍然是面向应用的，应用程序之间仍不能完全共享数据。

3. 数据库系统管理阶段

自 20 世纪 60 年代后期以来，数据库技术在文件系统的基础上发展并流行起来，它克服了文件系统的弱点，为用户提供了一种使用方便、功能强大的数据管理手段，数据资源管理进入了数据库系统管理阶段。该阶段数据管理的特点是：

(1) 数据结构化。在描述数据时不仅要描述数据本身，还要描述数据之间的联系。数据结构化是数据库的主要特征之一，也是数据库系统与文件系统的本质区别。

(2) 数据冗余度小、共享性高。数据资源不再面向具体应用，而是面向整个系统，数据库中同样的数据不会多次重复出现，数据资源被多个用户和应用共享使用。

(3) 数据独立性强。数据资源对应用程序的依赖程度大大降低，独立性增强。

(4) 数据安全和完整控制机制健全。数据库中数据对用户和应用程序而言往往存在并发访问情况,即多个用户同时访问或修改数据库中的同一条数据,为确保数据访问的安全性和完整性,数据库管理系统提供数据安全控制、完整性控制、并发控制以及数据恢复等数据维护手段。

数据资源管理从人工管理阶段、文件系统管理阶段发展到数据库系统管理阶段,数据存储冗余不断减小、独立性不断增强、操作和维护不断简单和方便,标志着数据资源管理技术的日益成熟。

(二) 数据资源管理设计

在组件化建模仿真平台中,数据资源的管理采用数据库系统管理方式进行设计,如图 5－3 所示。

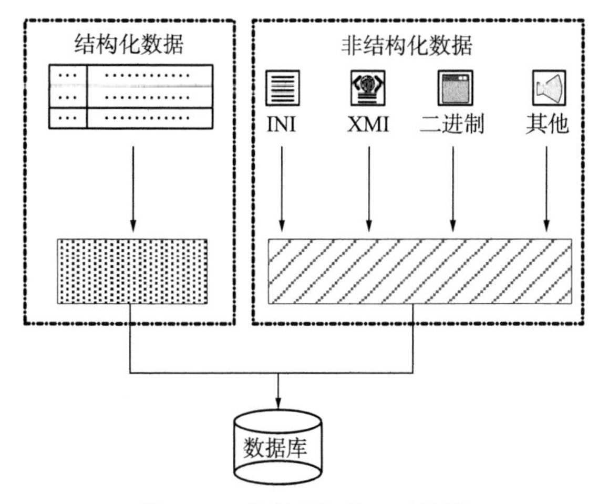

图 5－3　数据资源管理设计图

对于结构化数据,由于其可用二维表结构表示,因此利用数据库进行管理最为合适。在设计数据库的数据表时,需要对数据自身以及数据之间的逻辑关系进行组织,明确数据的主线和逻辑。

非结构化数据无法用统一的逻辑结构表示,一般以文件的形式存在。

在陆军作战仿真组件化建模平台中，非结构化数据主要有INI文件、XML文件、二进制文件等形式。由于文件系统共享性差、检索、维护不方便，因此在平台中同样使用数据库系统对其进行管理，从而实现非结构化数据的统一管理和维护。不同类型的非结构化数据存储于同一张表中，该表定义可采用如下七元组表示：

非结构化数据表 ::=＜标志，名称，类型，后缀，来源，描述，内容＞

其中，标志为主键，用于唯一标志文件。名称为文件全称。类型取值范围为INI文件类型、XML文件类型、二进制文件类型以及其他文件类型等。后缀用于标志文件扩展名。来源用于描述文件获取的途径。描述为对文件内容、作用的简要说明。

三、数据资源访问设计

数据是用于载荷信息的物理符号，其价值体现在满足各类应用需求上，数据访问是数据应用的前提，为数据的最终应用提供支持。在陆军作战仿真组件化建模平台中，结构化数据以数据库的形式存在，而非结构化数据以文件的形式存在，对数据资源的访问，归根结底是对数据库和文件的访问。

（一）结构化数据访问

当前，存在着多种类型的数据库产品，如Oracle、SQL Server、MySQL、Access、SYBASE、DB2、Mongo等。每种数据库产品均有自身优势和功能特点，应用程序可根据需求选择使用合适的数据库以及对应的数据库访问技术。目前，通用的数据库访问技术主要有ADO、DAO、ODBC等。在平台中，结构化数据资源的访问与应用和数据库的逻辑关系如图5－4所示。

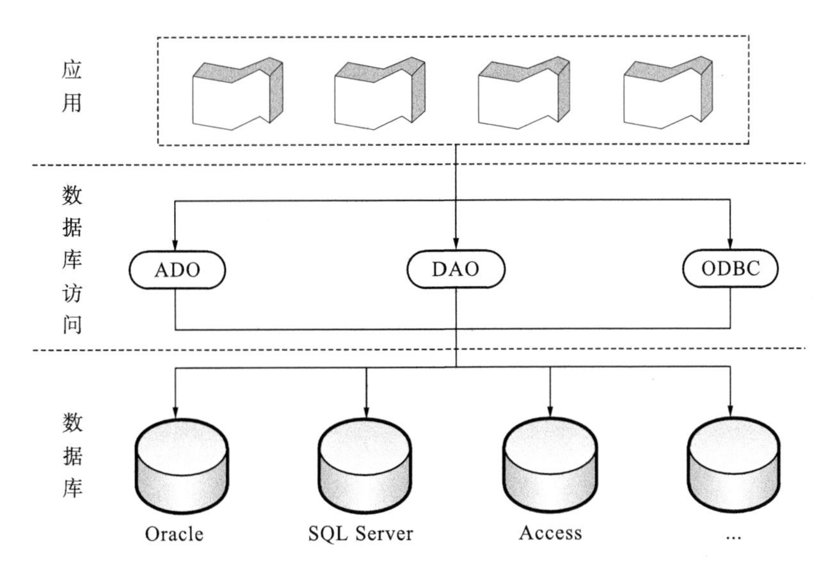

图 5－4 结构化数据资源访问逻辑层次图

其中,应用层主要实现程序的应用逻辑。数据库访问层是应用层和数据库层之间的桥梁,为访问数据库提供技术手段。数据库层,即平台使用的数据库。结构化数据资源的访问具有以下特点:

1. 支持多种类型数据库。结构化数据的访问支持 Oracle、SQL Server、Access 等多种类型数据库,并能够依据新数据库进行扩展。

2. 支持多种类型的数据库访问技术。结构化数据访问支持 ADO、DAO、ODBC 等多种类型数据库访问技术,并能够对新的数据库访问技术进行扩展。

3. 应用程序对数据库透明。应用程序无须关心具体使用何种数据库,数据库对外访问接口是一致的。

结构化数据资源访问的程序结构设计如图 5－5 所示。其中,IConnection 接口类为所有数据访问类的父类,主要负责数据访问接口的定义。Init 接口提供初始化数据库连接操作功能,通过该接口建立与数据库之间的连接。DisCon 接口提供断开数据库连接功能。Query 接口提供数据查

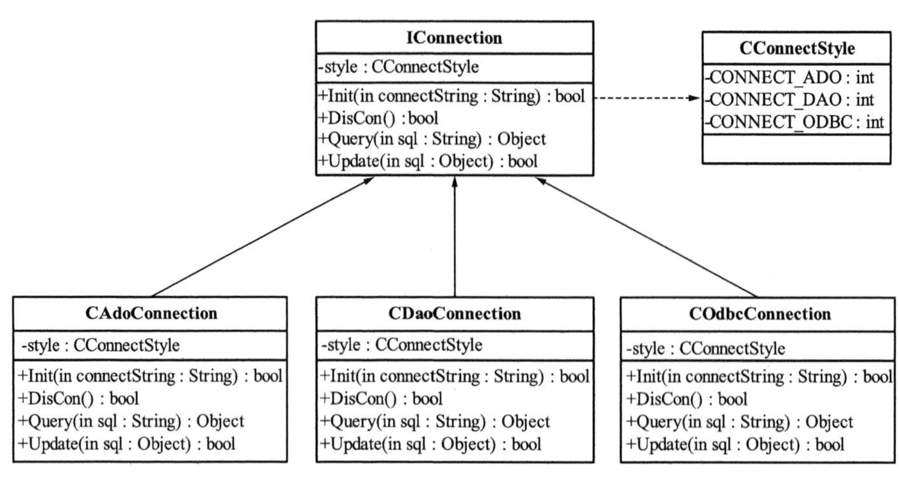

图 5-5　结构化数据资源访问程序结构图

询功能。Update 接口提供数据库更新功能，具体包括插入、删除、修改等。

所有的数据访问类都派生于 IConnection 接口类，在子类中依据技术细节实现接口类中定义的接口方法，从而实现对不同的数据库访问技术的支持。

（二）非结构化数据访问

非结构化数据资源的访问，从本质上讲是对文件的访问。在平台中，非结构化数据资源访问的程序结构设计如图 5-6 所示。其中，CFile 类为最基础的文件操作类，主要实现对文件的打开、关闭、读取、写入等基本操作。所有对非结构化数据的操作，最终都是通过调用 CFile 类中的方法来实现的。

CUnStructure 类是所有非结构化数据访问类的父类，二进制数据资源访问类和文本资源访问类都继承于该类，实现对二进制文件和文本文件的访问。

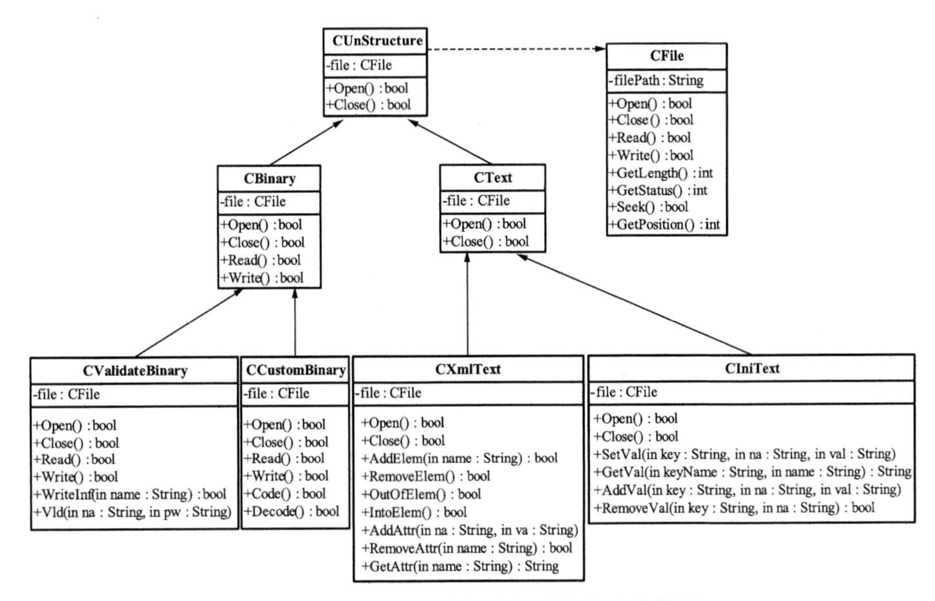

图 5-6　非结构化数据资源访问程序结构图

第六章　组件化建模仿真平台辅助工具系统设计

辅助工具系统是组件化建模仿真平台的底层支撑，主要职能是为平台框架和平台组成系统提供工具支持，以辅助构建完整、规范的建模平台。辅助工具系统包含的支撑工具较多，本章主要介绍事件驱动工具、日志管理工具、序列化工具以及运行时类型识别工具四类在组件化建模仿真平台中较为关键的辅助工具。

一、事件驱动工具设计

事件驱动工具是支撑组件化建模仿真平台进行信息交互的重要工具，主要为平台框架与系统插件以及系统插件之间进行信息交互提供支持。

1. 事件驱动机制

事件驱动是对采用事件进行交互的通信机制的描述，内容涵盖事件定义、事件产生、事件流转以及事件处理等关键环节，其模型可采用下述四元组进行描述：

事件驱动 ::=< 事件源，事件，事件响应者，事件影响 >

其中，事件源是交互的源头，由其引发事件的产生。事件是对动作、行为或状态等的描述。事件响应者是对事件感兴趣的对象的描述。事件影响是对事件处理后引发的反应。在事件驱动机制中，首先由事件源触发事件，而后通过一定的方式通知事件响应者，响应者接收到事件后进行处理，通过改变自身状态来对事件做出反应，从而实现事件产生、传播、处理全流程的描述，如图 6－1 所示。

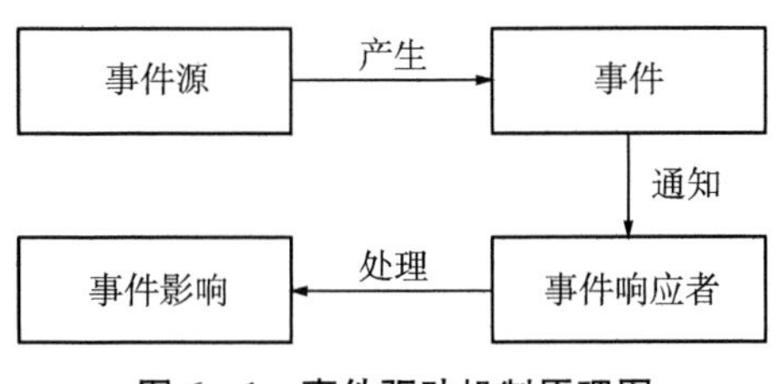

图 6－1　事件驱动机制原理图

采用事件驱动方式进行信息交互，能够减少组件化建模平台框架与系统插件之间的耦合，使得组件化建模平台物理结构划分更为合理、逻辑结构更加清晰。

2. 事件驱动模式

目前，典型的事件驱动模式主要有回调模式、事件总线模式以及信号槽模式，下面分别介绍各个模式的原理和特点。

(1) 回调模式

回调模式是指通过绑定回调函数进行信息交互的通信方式。在回调模式中，处理函数是事件源，回调函数是事件响应者。处理函数通过绑定回调函数的指针，并将事件参数传递给回调函数进行处理来实现事件驱动。

回调模式在结构化程序设计中应用较广，其优点是简单明了，运行效率高。但其缺点也十分明显，具体如下：

• 回调不是安全的类型，使用者从来都不能确定处理函数是否使用了正确的参数来调用回调函数。

• 回调函数和处理函数是紧耦合的联系方式，这不仅要求处理函数必须明确要调用哪个回调函数，而且也不利于程序结构的模块化设计。

（2）事件总线模式

事件总线模式是以事件总线为控制中心，采用广播机制实现信息交互的通信方式。在事件总线模式中，事件、事件总线以及事件侦听器是构成事件总线模式的三个核心要素。事件由事件源产生，而后交由事件总线控制，采用广播方式进行流传，事件响应者侦听事件并接收感兴趣的事件进行处理，以此来实现事件驱动。

事件通过事件要素参数实现对自身的描述。在事件触发时，依据事件类型实例化事件并对事件要素参数进行赋值，从而为后期处理事件提供数据支撑。以陆军作战仿真中描述事件的典型要素参数时间、位置、状态等来定义事件为例，如表 6－1 所示。

表 6－1　事件描述表

事件类型	事件要素参数
●	时间、位置
■	时间、位置、速度
◆	时间、状态
…	…

其中，事件由事件类型进行标志，事件要素参数描述了事件的具体内容。

事件侦听器为侦听各种事件的对象，在事件侦听器中定义了本侦听器关注的事件类型以及针对该事件所要进行的处理工作。事件侦听器接收事件总线上发布的事件，针对自身关注的事件进行响应处理，不关注的事件则予以忽略。以事件描述表中定义的事件类型为例，事件侦听器定义示例如表 6－2 所示。

表 6－2　事件侦听器描述表

事件侦听器	关注事件类型	事件处理
A	●	if(●){…}
B	■●	if(■){…} if(●){…}
C	◆■	if(◆){…} if (■){…}
…	…	…

事件总线是控制事件流转的枢纽，所有产生的事件都将交由事件总线进行管理，所有挂载到事件总线上的事件侦听器都将接收到广播的事件。事件总线在事件与事件侦听器之间架起了沟通的桥梁，事件总线的逻辑结构如图 6－2 所示。

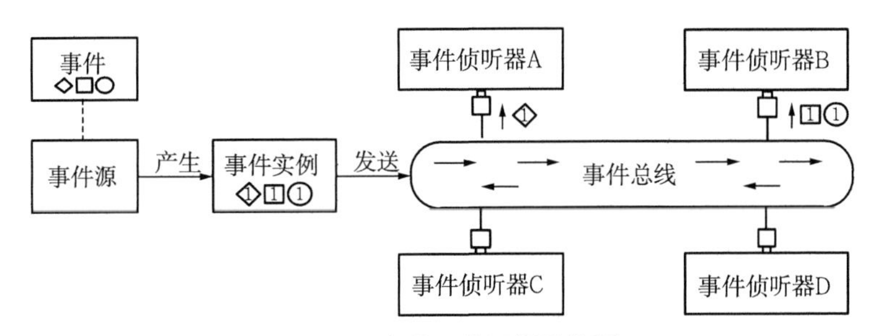

图 6－2　事件总线逻辑结构图

事件总线模式采用匿名信息交换机制，事件发送者不关心事件的接收者，仅须在事件发生时对信息进行收集，而后将信息封装成特定类型的事件发送出去。同样，事件侦听器也不关心事件的发出者，仅须明确自身感兴趣的事件以及关注的事件发生后产生的影响。

在事件总线模式中，各个事件侦听器程序模块的扇出数为 1，使得事件侦听器之间的耦合度大大降低，模块的内聚性得以增强。其具有以下优点：

• 增强系统的可修改性。在事件总线模式中，各个事件侦听器之间相互独立，对某一事件侦听器的修改不会影响其他事件侦听器的运行。

• 降低系统的复杂性。在事件总线模式中，事件总线、事件侦听器各司其职。事件总线仅负责广播事件，事件侦听器只负责对关注事件进行筛选和处理。整个系统工作机制非常简单，从而极大降低了系统的复杂性。

• 提高系统的可伸缩性。在事件总线模式中，事件之间、事件侦听器之间、事件和事件侦听器之间的耦合非常低，每个事件侦听器只会处理关注的事件，而对不感兴趣的事件，则直接忽略。当须拓展新的功能时，仅需增加新的事件和用于处理此类事件的事件侦听器即可。对于系统中已经存在的事件侦听器而言，新增的事件会被忽略，而对于新增加的事件侦听器，则会忽略系统中原有的事件，这样就可以实现在不影响系统原有功能的情况下拓展新的功能，从而提高系统的可伸缩性。

• 加强系统的可追溯性。在事件总线模式中，事件总线具有运行状态记录和回放功能。在事件总线运行时，可以按照事件的时间序列将所有事件予以记录，一旦系统出现异常，可将保存的事件在事件总线上重新进行广播，则可将系统恢复到异常出现前的正常状态，从而提高系统的可追溯性。

事件总线模式虽然具有上述优点，但其不足也十分明显，即系统的运行效率会大打折扣。由于事件总线模式采用广播机制，使得系统中每个事件侦听器都会接收到事件总线上的所有事件，从而增加事件筛选的工作量，降低系统的运行效率。

(3) 信号槽模式

信号槽模式通过建立信号与槽之间的连接，采用信号发射与槽接收处理的方式实现信息交互。在信号槽模式中，信号、槽以及连接是构成信号槽模式的核心要素。信号代表事件源，信号参数代表事件，槽表示事件响应者，槽函数用于处理事件。通过连接信号与槽，建立事件源与事件响应者之间的通信关系。通过发射信号触发槽接收事件予以处理，以此来实现事件驱动。信号槽模式逻辑结构如图 6 - 3 所示。

在信号槽模式中，信号与槽的连接方式主要有单信号对单一槽、多信号对单一槽、单信号对多槽和信号对信号等。在前三个连接方式中，一旦信号被发射，它所连接的槽会被立即执行。如果几个槽被连接到同一信号，槽就会按任意顺序一个接一个执行，当所有的槽都返回后，发射也将返回。在信

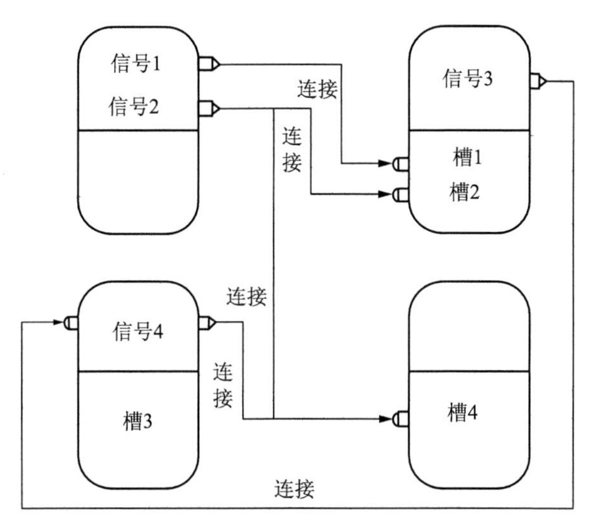

图 6－3　信号槽模式逻辑结构图

号对信号连接方式中，一旦发射信号触发，接收信号也将立即发射。槽函数作为事件处理者，既可以是全局函数，也可以是类的普通成员函数，甚至可以是虚函数。

信号槽模式与回调模式和事件总线模式相比，具有耦合方式松散、关系清晰、运行高效等优势。具体表现在：

• 信号槽机制是安全的类型。一个信号的签名必须与它的接收槽的签名相匹配。

• 信号与槽的联系松散。发射信号时不必明确哪个槽要接收该信号，一旦信号与槽连接关系建立，槽均会被触发，而后使用信号参数来调用槽函数予以处理。

• 信号与槽的关系清晰。通过连接，可以明确了解信号与槽的逻辑关系。

• 信号槽机制运行高效。信号的发射只会触发与其建立连接的槽，槽也只会响应建立连接的信号，除此之外，无多余的信号与槽的筛选和处理工作，使得事件分发与处理效率十分高效。

3. 事件驱动工具设计

事件驱动工具采用信号槽模式进行设计，事件源和事件响应者分别对应信号和槽，并通过连接建立通信关系。其结构如图 6 - 4 所示。

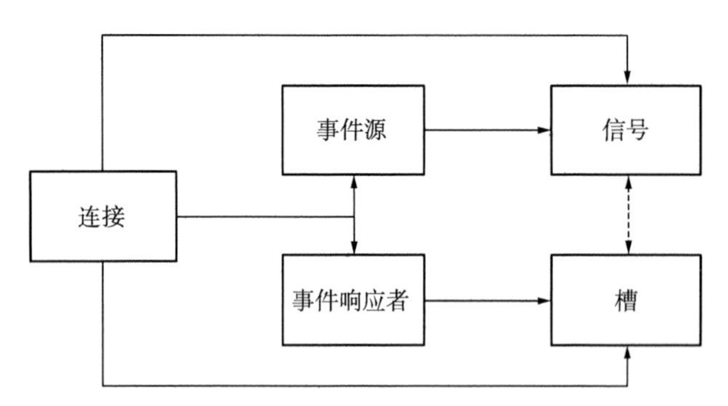

图 6 - 4　事件驱动工具结构图

其中，事件源和事件响应者定义了通用的信息交互功能，在实际应用过程中，需要依据事件驱动需求进行扩展。在陆军作战仿真组件化建模平台中，事件驱动需求主要包括以下四个方面内容：平台框架与系统插件之间的信息交互；单元与单元之间的信息交互；单元与内部对象之间的信息交互；对象与对象之间的信息交互。在设计时，为降低事件驱动结构的复杂度，后三个方面的需求可归类为同一结构。最终，组件化建模平台的事件驱动结构主要包括框架调度事件驱动和实体系统内事件驱动，其程序结构如图 6 - 5 所示。其中，信号 CSignal 和槽 CMessageDispatcher 分别派生于信号接口 ISignal 和槽接口 ISlot，并通过连接接口 IConnect 的实现类的实例建立对应关系。槽 CMessageDispatcher 的派生类 CFrameworkEventDispatcher 和 CEntityEventDispatcher 分别负责框架事件和实体系统内事件的响应，并通过实现虚函数 OnMessage 来完成对应事件的处理。

二、日志管理工具设计

日志管理工具是支撑组件化建模仿真平台进行平台运行状态监控和状

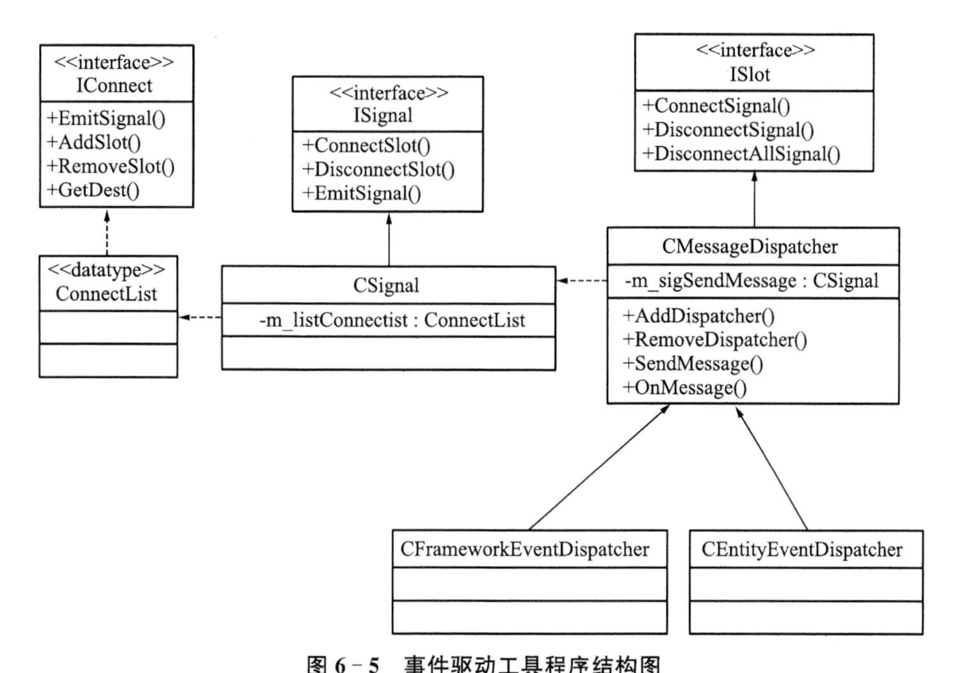

图 6-5　事件驱动工具程序结构图

态记录的重要工具，主要为平台调试和运行维护提供支持。

1. 软件日志

软件日志是对软件运行轨迹的反映，其主要记录软件运行过程中关键节点、事件、数据以及调试信息等。依据软件日志，能够监控软件的运行状况，定位系统错误。其作用主要有以下几个方面：

• 支持系统运行状态记录。软件日志可以记录软件从启动到停止运行的全生命周期过程中发生的所有事件，从而为查看系统在任意时刻的运行状态提供数据支撑。

• 支持系统调试。在系统进入试运行阶段后，由于缺乏开发环境的支持，将无法跟踪系统运行逻辑，也无法查看内部状态信息。通过分析系统日志，可以验证系统是否按照设计逻辑运行，从而为系统调试提供技术手段。

• 支持故障定位和排除。在系统运行过程中，一旦系统出现故障，很难从故障现象上判断问题原因。采用将系统可能出现的所有故障进行编码的方式，通过分析日志中的故障记录，可以快速地对故障进行定位、分析原因和排除。故障编码及故障发生原因描述示例如表 6-3 所示。

表 6-3　故障信息描述表

序号	故障编码	故障原因描述
1	1001	磁盘空间不足
2	1002	基础数据路径设置错误
3	1003	系统初始化失败
…	…	…

如表 6-3 所示，若系统出现故障，通过查看运行日志记录的故障码，假设当前故障码为 1002，则可以判断出故障是因基础数据路径设置错误导致，从而可以迅速对故障进行定位和排除。

• 支持系统安全检测。如果系统是网络软件，则必然存在被网络攻击的风险。通过监控主机通信端口、用户访问以及具体操作情况，并将其记录到系统日志中，可以为识别操作是否合法、判断系统是否被非法入侵提供支持。

• 支持系统运行规律分析。通过对系统长期运行日志进行分析和挖掘，可以总结系统运行规律，从而为系统优化、升级提供支持。

2. 日志管理工具设计

日志管理工具是对陆军作战仿真组件化建模平台中日志的来源、分类、生成、输出等进行管理的辅助工具，属于运行维护范畴的基础性工具，其主要职能是记录平台运行轨迹、审计平台运行流程、跟踪分析各种调试信息等。作为跟踪平台运行状态的必备手段，在设计日志管理工具时必须满足以下需求：

• 记录内容全面。能够对平台运行过程中各类日志信息进行记录，并保持记录数据的完整性。记录的日志信息能够反映系统事件的发生时间、涉及对象、执行的动作、执行的结果以及执行前后的状态等。

• 日志格式统一。能够将不同类型的日志信息按照统一格式予以输出，以便对日志信息进行整理、检索、显示和分析。

• 输出形式多样。能够提供多样化的日志内容输出样式，如控制台、文件、数据库等。

• 输出内容可控。能够对输出的日志信息进行筛选控制，能够按照日志类型或级别归档输出。如在调试阶段，可输出调试信息，而在发布之后，只输出运行状态信息。

• 工具性能高效。能够在大数据量吞吐情况下正常输出日志信息，并且日志信息的输出尽量少占用系统资源。

• 工具使用便捷。工具配置和操作简便，能够为使用者提供便捷的日志管理服务。

针对上述需求，按照功能逻辑进行划分，日志管理工具主要由日志管理、日志筛选控制以及日志输出 3 部分构成，其结构如图 6－6 所示。

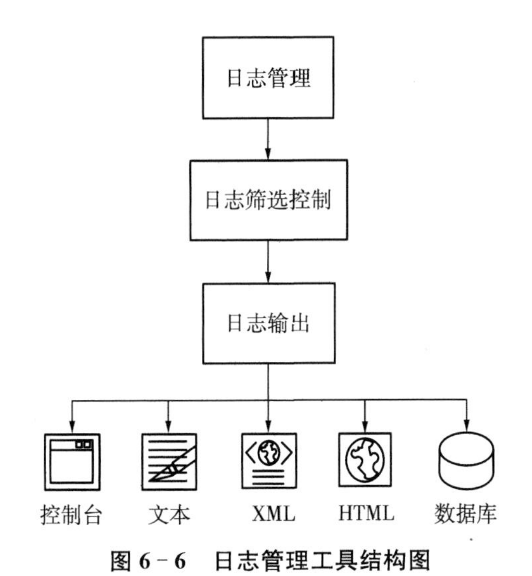

图 6－6　日志管理工具结构图

其中，日志管理是整个工具的核心部分，是日志筛选控制和日志输出的管理和协调中心，主要负责对日志类型注册和实例的创建、初始化以及调度。日志筛选控制主要负责对日志输出内容进行筛选和对输出格式进行控制。日志输出主要负责日志信息的输出，并且提供多样化的输出样式，如控制台、文本、XML、HTML 和数据库等。其中，控制台是一种最常见的日志输出样式，其优点是输出简便，但不足也亦为明显。首先，控制台输出的数据是非持久化的，一旦关闭，输出的日志信息也随之消失。其次，输出的日志数据难以检索。由于上述不足，控制台输出方式通常在系统调试阶段使用较为频繁。文本、XML、HTML 和数据库等输出样式与控制台输出样式的典型区别就是输出的日志数据是可持久化的。在以上样式中，文本样式简单易读。XML 和 HTML 样式易于网络传输和解析。数据库样式使用较为复杂，但检索方便。

按照上述日志管理工具结构划分，其程序逻辑结构如图 6-7 所示。

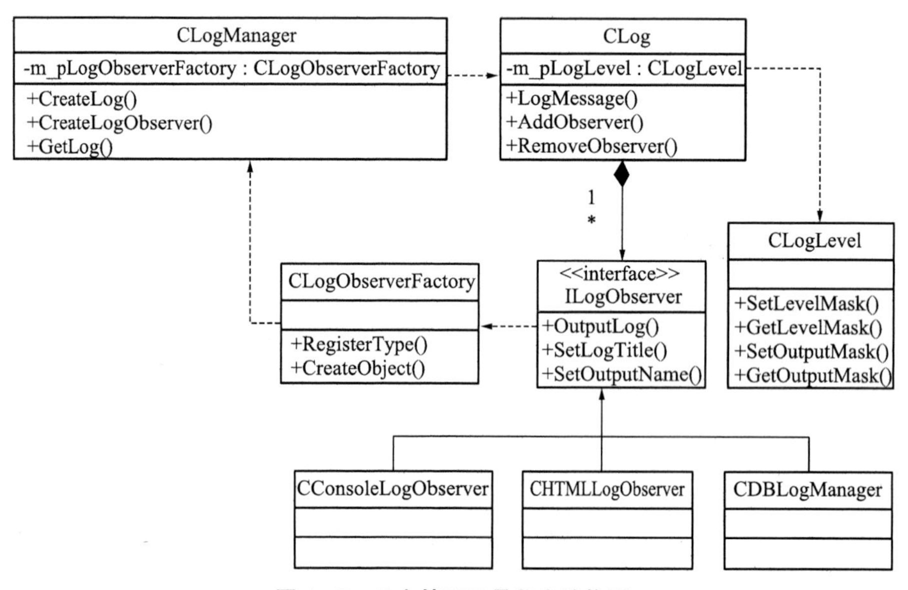

图 6-7　日志管理工具程序结构图

其中，日志管理 CLogManager 采用单子模式进行设计，其采用容器方式对日志 CLog 实例和日志输出实例进行管理。日志 CLog 负责日志信息的收集以及日志输出控制参数设置。日志输出采用观察者模式进行设计，接口 ILogObserver 定义了输出相关的接口，各种输出样式均派生于该接口并针对样式特点进行具体实现。日志输出实例的创建采用工厂模式进行设计，通过日志管理 CLogManager 与日志 CLog 实例建立关联关系，日志 CLog 可对应多个日志输出实例，以实现日志信息的多样化输出。

三、序列化工具设计

序列化工具是支撑组件化建模仿真平台进行数据存档和状态恢复的重要工具，主要为保存和恢复系统状态提供支持。

1. 序列化和反序列化

序列化是指将对象的状态数据转换为可以存储或传输的形式的过程，其逆过程称为反序列化，即依据存储或传输的数据来重新构建对象的过程。序列化和反序列化过程如图 6－8 所示。

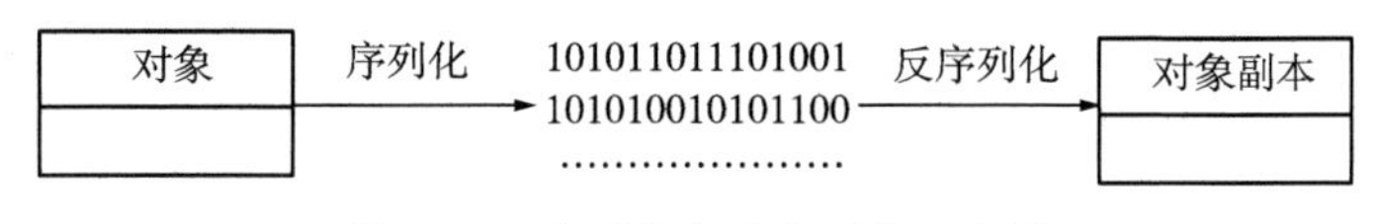

图 6－8　序列化和反序列化示意图

其中，在序列化期间，对象将当前状态写入临时或持久性存储区。这样不仅可以使对象信息以某种存储形式进行持久化，而且便于对象信息的传输和交换。在反序列化期间，通过从存储区中读取对象状态数据来重新创建对象，使其保持与序列化时相同的状态。

序列化和反序列化作为正反互逆的两个过程，必须遵循严格的顺序和格式约束，即序列化时存储数据的顺序和反序列化时读取数据的顺序要保持一致、序列化时存储的数据格式和反序列化时读取的数据格式要保持一致。一旦储存和读取的顺序或格式不一致，必然导致序列化或反序列化的失败。

2. 序列化工具设计

在陆军作战仿真组件化建模平台中，序列化工具主要用于支持实体系统和自然环境系统归档和恢复系统状态。其中，实体系统状态包括想定方案的状态、方案内的各个单元的状态、单元内的各个对象的状态和对象内的各个组件的状态。自然环境系统状态包括地理环境要素的状态、天候环境要素的状态。通过归档各类状态数据，不仅可以持久化保存系统状态，而且可以灵活地恢复系统状态，从而为跟踪和查看系统在任意时刻的运行状况提供技术支撑。

由于各个系统状态数据的差异性以及序列化和反序列化所要求的顺序和格式的严格一致性，在设计序列化工具时，必须提供统一的维护管理手段和规范一致的序列化和反序列化接口。针对上述要求，按照功能逻辑进行划分，序列化工具主要由序列化管理和序列化输入输出两部分构成，其结构如图 6 - 9 所示。

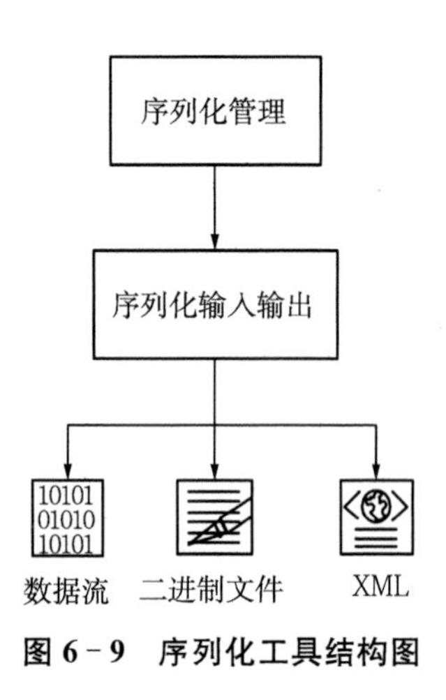

图 6 - 9　序列化工具结构图

其中，序列化管理是整个工具的管理协调中心，主要负责对序列化和反序列化过程进行调度控制。序列化输入输出主要负责序列化信息的输出和反序列化信息的输入，并且提供多样化的输入输出样式，如数据流、二进制文件、XML 等。其中，数据流样式主要用于网络传输使用。二进制文件是一种可持久化的信息存储方式，此种样式可以较好地保护软件数据版权，通常以专有扩展名的方式命名。XML 文件是一种结构化的信息存储方式，此种样式可以较为便捷地浏览存储信息，同时它也是一种通用的信息交换格式,支持与其他异构软件之间进行信息共享。

按照上述序列化工具结构划分,其程序逻辑结构如图 6-10 所示。

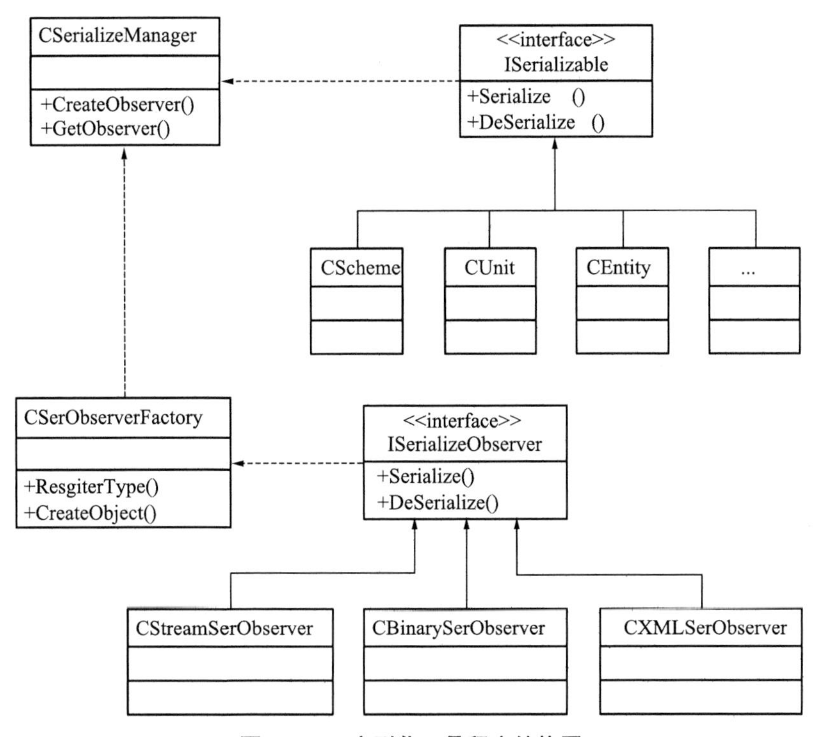

图 6-10 序列化工具程序结构图

其中,序列化管理 CSerializeManager 采用单子模式进行设计,其采用容器方式对序列化输入输出实例进行管理。接口 ISerializable 定义了序列化和反序列化能力,所有需要进行序列化和反序列化的对象须派生并实现该接口。序列化输入输出采用观察者模式进行设计,接口 ISerializeObserver 定义了序列化和反序列化接口函数,各种输入输出样式均派生于该接口并针对样式特点进行具体实现。序列化输入输出实例的创建采用工厂模式进行设计,通过序列化管理 CSerializeManager 与待序列化和反序列化的对象建立关联关系。

四、运行时类型识别工具设计

运行时类型识别工具是组件化建模仿真平台中用于辅助识别对象类型以及相关信息的重要工具。通过运行时类型识别工具,可以明确对象类信息以及类层次结构信息,从而为在平台运行过程中动态获取类的静态信息提供支持。

1. 运行时类型识别

运行时类型识别(Runtime Type Identification,RTTI),顾名思义,是指在软件运行过程中动态获取对象类相关信息的技术。在面向对象程序设计语言中,类定义中包含了类相关的所有信息,如类名称、继承关系等,但这些静态信息主要是被编译器识别,出于性能的考虑,编译完毕后这些信息未被完全保留下来。在软件运行过程中,如果需要从对象实例获取其所属类的相关信息,那么由于缺乏静态数据支持将无法获得。在陆军作战仿真中,随着仿真应用规模和复杂度的增加,仿真中使用的对象类的数量也将显著增加。在仿真时,依据对象类可能产生成千上万个对象,这些对象之间存在着各种各样的信息交互,在处理交互时有时需要明确了解发生交互关系的对象身份方面的信息,如对象所属类的名称或者对象是否继承了特定的类。此时,为了获取对象类相关信息,就需要运行时类型识别技术的支持。

在陆军作战仿真组件化建模平台中,实体运行时类型识别主要用于以下两种情形:

(1) 将指向子类实例的父类指针转换为子类指针

继承和多态是面向对象程序设计的两个重要特征,它通过扩展类结构和实现虚函数来提高代码的通用性和可扩展性。在此技术支持下,通过将指向子类实例的指针转换为父类指针来屏蔽子类实例之间的差异,以此实现代码的统一性。然而,有时需要依据子类类型进行专门特殊处理,此时就需要了解父类指针所指向的子类实例的身份信息,才能正确地将父类指针转换为子类指针。

(2) 序列化和反序列化

序列化和反序列化是保存和恢复对象状态的正反互逆的两个过程。对象的序列化是把对象的状态数据转化为字节流，而对象的反序列化则是利用字节流恢复对象。在对象序列化过程中，记录到字节流中的第一条信息就是对象的类型信息。在对象反序列化时，通过读取记录的对象类型信息来创建该类型的对象，而后赋予新对象原来的状态。在此过程中，对象类型信息需要通过运行时类型识别技术才能获取，其在对象序列化和反序列化中发挥的作用如图 6－11 所示。

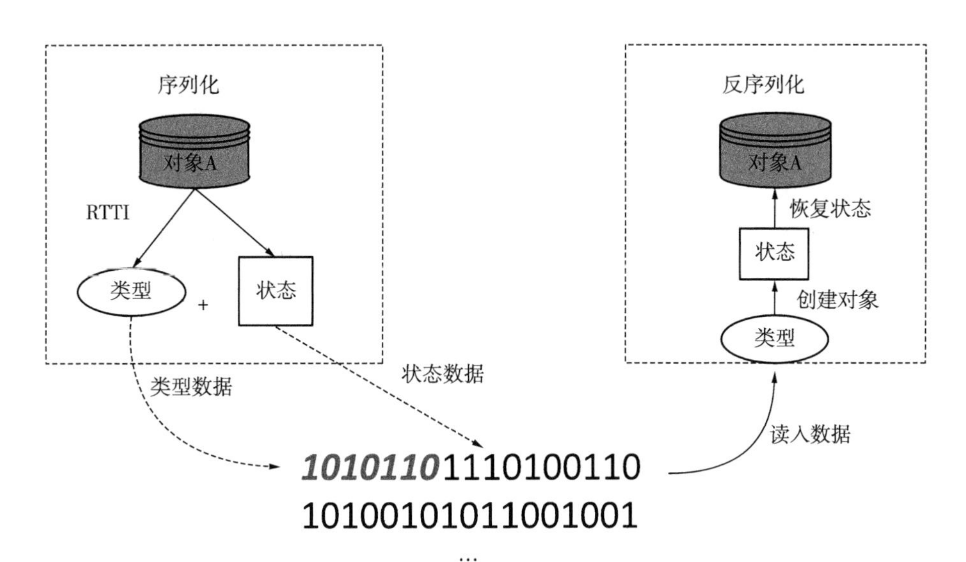

图 6－11　RTTI 作用机理图

2. 标准 C++运行时类型识别

在标准 C++程序设计语言中，运行时类型识别涉及 dynamic_cast 运算符和 typeid 运算符。

(1) dynamic_cast 运算符

dynamic_cast 运算符主要用于多态类之间的转换。只要对象的实际类型到强制转换的转换类型合法，就会进行指针转换或者新类型的引用。如果执行成功,返回指向新类型的有效指针,否则,返回空指针。其中,“合法”是指强制转换的类型是对象本身的类型或者是其父类类型。父类不必是对象的直接父类,任何对象的祖先类均可以。dynamic_cast 转换流程如图 6-12 所示。

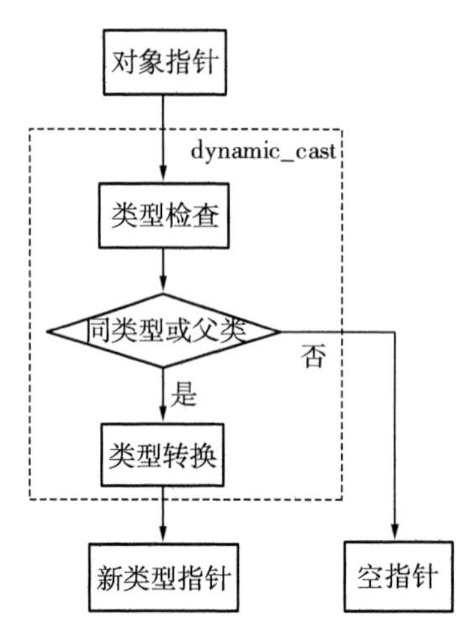

图 6-12 dynamic_cast 强制转换流程图

其中,在 dynamic_cast 运算符进行强制类型转换期间执行了两步操作:第一步是检查强制转换是否合法,第二步将指针转换为新的指针类型。其中,第一步是第二步的基础,即只有在合法性检查通过的基础上才能进行有效的强制类型转换。

在进行强制类型转换时,存在两种转换形式:一种是向上强制转换,即将转换指针向类层次结构上方移动。另一种是向下强制转换,即将指针向类层次结构下方移动。在使用多态性并想了解特定对象更多相关信息时,向下强制转换更为常用。除了在单一继承层次结构里进行向上转换和向下转换之外,dynamic_cast 运算符还支持在多重继承结构里进行强制转换,甚至包括交叉强制转换。

(2) typeid 运算符

dynamic_cast 强制类型转换机制提供了特定对象继承关系方面的信

息，并允许在不同类型之间进行强制转换。typeid 运算符则支持直接查找对象的相关信息。

typeid 运算符通过返回结构体 type_info 的常量引用来获取对象类型信息。其中，最为重要的类型信息就是类名称，并以用户可读的方式和 C++ 修饰后的方式提供相关内容。利用返回的 type_info 信息，可以判别两对象是否属于同一个类。另外，typeid 运算符参数不仅支持对象，还支持类名称。

综上所述，在大多数情况下，标准 C++运行时类型识别可满足对象基本类型信息的查询。它不仅可以解决对象是否继承于特定类，还支持在多重继承层次中进行不同父类之间的强制类型转换。但同时也存在一些不足，主要表现在以下方面：

• 标准 C++运行时类型识别提供的对象类型信息比较简单，只能获得类名称以及继承关系信息，而对类中属性信息、方法信息以及事件信息等无法获取。

• 标准 C++运行时类型识别受编译器 RTTI 开关的制约，编译器 RTTI 开关的闭合将会使运行时类型识别处于总是有效或总是无效的状态。

• 标准 C++运行时类型识别存在性能方面的问题。性能开销除与编译器相关外，还与仿真运行中 RTTI 操作的频度有关，一旦在每个循环周期内的 RTTI 操作达到一定规模，运行效率就会受很大制约。

3. 运行时类型识别工具设计

考虑到标准 C++运行时类型识别在提供类信息、编译器以及性能方面存在的不足，同时为了更好地控制 RTTI，组件化建模平台采用的运行时类型识别工具采用自定义方式进行设计。自定义 RTTI 系统必须有效解决五个方面的问题：提供类相关信息的查询；提供类的继承关系的判别；不受编译器限制；性能开销小；使用方便。

针对上述需求，按照功能逻辑进行划分，运行时类型识别工具主要由运行时类型识别信息以及运行时类型识别宏定义两部分构成，其结构如图 6 - 13 所示。

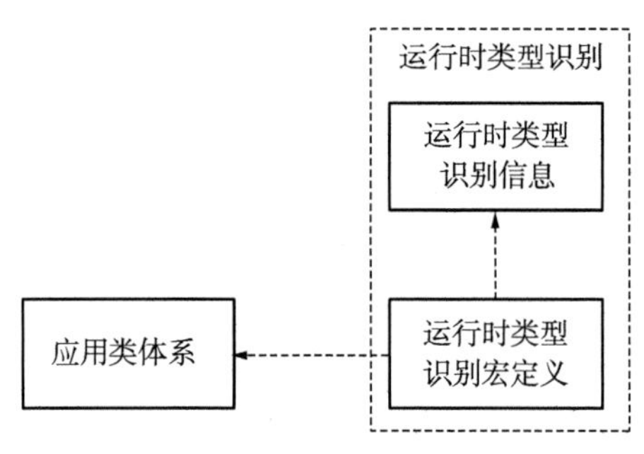

图 6-13　运行时类型识别工具结构图

其中,运行时类型识别信息用于标志类信息以及存储类的继承关系。类信息包括类名称、属性名称、属性数量等。类的继承关系用于标志类的层次结构。运行时类型识别宏定义采用宏的方式简化工具的使用。宏定义包括宏声明和宏实现两部分。在宏声明中,采用静态成员变量来唯一标志类身份。在宏实现中,采集类信息以及继承父类的信息。

按照上述运行时类型识别工具结构划分,其程序逻辑结构如图 6-14 所示。

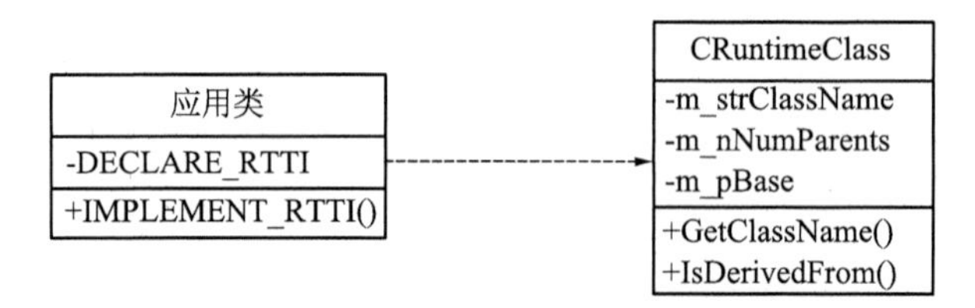

图 6-14　运行时类型识别工具程序结构图

其中,运行时类型识别信息类 CRuntimeClass 存储了类相关信息以及直接父类的 RTTI 信息。类信息主要提供类名称查询,同时可以根据需要灵活扩展。由于应用类的父类在编码阶段就可确定,因此采用数组方式存储直接父类信息,通过递归检索父类信息来判别继承关系。在应用类中,通过宏 DECLARE_RTTI 和 IMPLEMENT_RTTI 来声明和实现运行时类型识别。

上述运行时类型识别工具设计虽然简单,但解决了类信息获取和类继承关系判别的基本功能。如若需要更多信息，可通过扩展 CRuntimeClass 类来实现。同时，设计的运行时类型识别工具不受编译器限制，不仅运行效率高，使用也相当便捷。

第七章　组件化建模仿真平台开发

先进理论只有根植于实践的沃土才能收获丰硕的果实。本章围绕组件化建模仿真平台的工程开发实践，主要从平台工程项目组织、插件开发、运行维护以及版本管理等方面来阐述平台开发时涉及的技术要点，使读者对陆军作战仿真组件化建模平台开发时的工程实践方法有一个全面清晰的认识和理解。

一、组件化建模仿真平台项目组织

项目组织是指在进行平台开发时，软件工程项目的逻辑结构、物理结构、工程代码、代码文件以及工程配置等方面内容的组织方式。

（一）工程逻辑结构和物理结构

工程逻辑结构是对平台软件项目内部各个工程之间关系的描述。陆军作战仿真组件化建模平台采用的是“平台＋插件”的柔性软件架构，使得平台软件项目的逻辑结构十分清晰。以微软 VisualStudio2010 集成开发环境为例，平台软件项目逻辑结构如图 7 - 1 所示。

其中，平台软件项目以解决方案的形式进行组织、以解决方案为主线贯

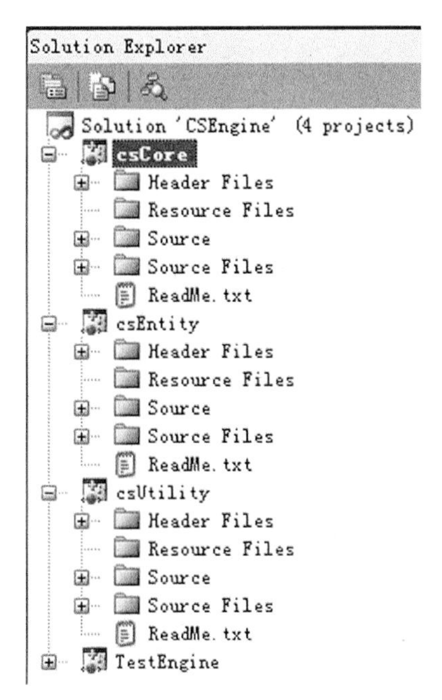

图 7-1　平台软件项目逻辑结构示意图

穿各个工程。平台主框架对应核心工程 csCore，平台的各个功能插件实体系统、自然环境系统、数据资源管理系统以及辅助工具系统分别对应实体工程 csEntity、自然环境工程 csEnviroment、数据资源管理工程 csDataMgr 以及辅助工具工程 csUtility。各个工程之间的依赖关系如图 7-2 所示。

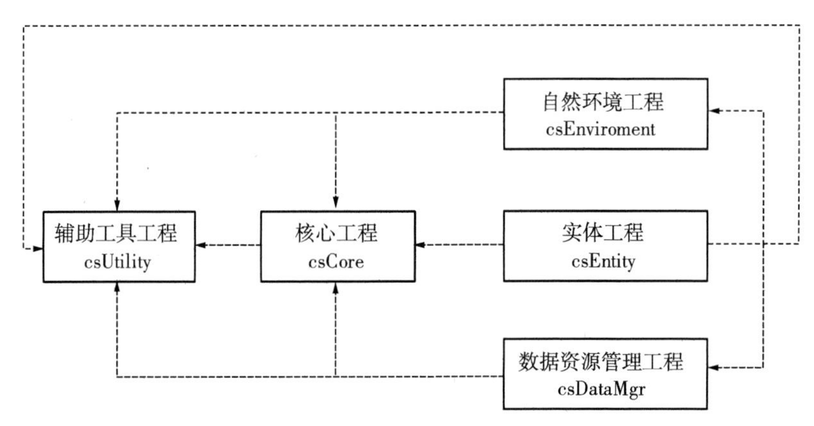

图 7-2　平台软件工程关系图

核心工程主要负责实现平台框架以及插件调度，其依赖辅助工具工程提供的事件驱动、日志、动态库调度等功能。自然环境工程、数据资源管理工程均依赖辅助工具工程和核心工程。实体工程与其余 4 个工程均有依赖关系。

工程物理结构是对平台软件项目各个工程资源文件以及涉及的第三方工具包外部组织形式的描述。由于陆军作战仿真组件化建模平台是一个规模相对比较庞大的软件工具集，因此组织良好的物理结构对于各种资源文件的区分和定位具有十分有益的促进作用。通常采用树形文件结构对工程涉及的各种资源进行组织，如图 7－3 所示。

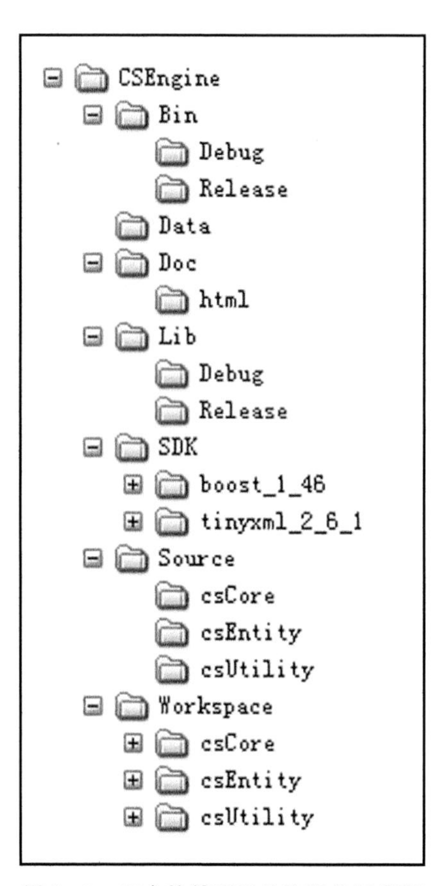

图 7－3　平台软件项目物理结构示意图

其中，工程文件共区分为七类文件夹，分别是可执行程序文件夹 Bin、数据资源文件夹 Data、说明文档文件夹 Doc、链接库文件夹 Lib、第三方工具库文件夹 SDK、工程源代码文件夹 Source 以及工程工作区文件夹 Workspace。各类文件夹依据功能区分可进一步进行文件结构划分，如将可执行程序文件夹 Bin 细化为调试版本文件夹 Debug 和发布版本文件夹 Release。采用上述文件结构不仅便于对工程物理结构进行组织，而且可以为工程的开发实施提供极大的便利。

通过将平台设计成各个相对独立的功能插件。每一个功能插件是一组具有逻辑上相互关联的目标的源代码，它对外界暴露最少的函数，却允许每一部分使用它的全部功能。各个功能插件被编译成独立于可执行程序的动态链接库或静态链接库，这些库被链接到主程序中从而形成完整的程序。用这种方法将功能插件划分成库的好处是减少了类和文件之间的联系，从而改进工程的逻辑结构和物理结构。

（二）工程代码和代码文件

工程代码是指采用某种程序设计语言对工程的业务逻辑进行的程序实现。陆军作战仿真组件化建模平台工程代码采用 C++程序设计语言进行设计，利用命名空间来区分代码的作用域。代码文件是对代码物理形式的描述。对于陆军作战仿真组件化建模平台各个工程涉及的类和组件，均对应有两个代码文件：一个头文件（通常扩展名为.h 或.hpp）和一个实现文件（扩展名为.cpp）。这种组织形式有以下优点：首先，便于对文件进行浏览，并且很容易通过文件名定位到某个具体的类或组件。其次，可以缩短编译时间，对某一类或组件的修改不会影响其他未修改并已编译好的类，只需编译当前发生变化的类或组件即可。

头文件是外界观察类或组件的窗口，其他的类或组件通过在其所在的文件中加入＃include 语句来使用头文件。＃include 是预编译指令，它最终将被预处理程序解释，后者可以在编译之前对源文件进行改动。此时，预处理程序在每个单独的文件中扫描＃include 指令，打开所指定的文件，读取其中的内容，并将它们插入＃include 语句所在的地方。为了防止重复引用，提高编译效率，通常需要使用包含控制器。包含控制器是防止在同一个编译单元中对同一个文件包含一次以上的预处理指令。包含控制器控制符号的选择并不十分重要，除非在软件项目中有可能在同一个编译单元中使用两个相同的控制符号。通常，采用头文件名的变形是最简单的解决方案。另外，在头文件中使用＃include 语句包含其他文件时，还须明确是否的确需要用到其他文件中声明的内容，这可以区分为以下两种情况：一种情况是必须包含。如果一个类派生于另一个类，那么这种继承关系是必须包含父类头文件的，因为编译器需要看到父类的全部内容才能知道如何正确地构造派生类。另一种情况是间接包含，即编译器并不需要看到类的全部声明，它所需要知道的仅是类的名字，这种情况发生在使用一个类的指针或引用的时候，此时在头文件中只需使用类的前向声明即可，而将包含放在实现文件中。另外，如若在头文件中需要使用一个类的对象，此时为了避免文件直接包含，可采用私有实现(Private Implementation，Pimpl)模式。Pimpl 模式可以避免在头文件中包含那些只被私有变量用到的头文件，其方法是将所有的私有代码放入一个简单的结构中，并让它与对象同时生成和销毁。使用 Pimpl 模式，通过增加额外的复杂度和对象私有代码的动态分配来减少类之间的物理联系。

实现文件是对头文件中声明的功能函数的代码实现。实现文件中包含指令的使用对于设计简单高效的程序结构同样十分重要。让每个实现文件里包含的头文件数量达到最少，不仅是指.cpp 文件中的＃include 语句，还包括那些相关头文件中的＃include 语句。在一些极端的情况下，编译一个.cpp文件会包含数以百计的头文件，仅仅是访问和打开这些文件所需花费的时间就是非常可观的，再乘以工程中.cpp 文件的数量，最终的编译时间可能会大大出乎预料。减少包含文件的数量和最终的编译时间所需做的第一步工作就是要解开＃include 造成的盘根错节，并用一种清晰的方式进行组织。

通常遵循下述规则进行组织，即在一个包含某一类或组件的实现代码的.cpp文件中，第一个包含的必须是对应于这个类或组件的头文件。

（三）工程配置

组件化建模仿真平台的各个工程项目通常需要根据不同的需求选择不同的设置。每一个不同的设置就做一种配置。每种配置将使用不同级别的错误报告、代码优化和调试工具。在工程配置中，为所有的可执行文件和库加上后缀予以区别不同配置下生成的文件。通常情况下，陆军作战仿真组件化建模平台的各个工程项目需要以下几种配置：调试版本、发行版本和调试优化版本。

调试版本通常是供平台程序设计人员在编写代码、调试程序或者向程序中添加新的特性时使用。这种配置完全不用编译优化功能，而且还包含所有的调试信息。这样可以很方便地在编译器中进行单步调试，并能在编译器窗口中查看所有的变量或者堆栈中的信息。调试版本配置通常有着各种各样的安全防卫和保护，以便在代码中出现逻辑漏洞的时候能够跟踪。但是，这种配置下的性能往往比较差，很可能会比最终的产品运行速度慢2～4倍。此外，调试配置还需要更多的内存，因为它有许多额外的代码和用于调试的符号。

发行版本是与调试版本相对的另一种配置，其使用对象是平台的终端用户。它实现了所有的优化功能，去掉了调试辅助功能及其他与调试有关的方面等。在这种配置下可以得到尽可能好的性能，但却几乎不可能进行调试，因此无法捕捉平台代码中可能存在的漏洞。

调试优化版本是一种折中的配置方式，其在性能优化和调试方便两个方面取得了平衡。这种配置通常包括代码调试信息以及所有的调试工具，同时也启动了优化功能，这些优化功能可以让程序获得尽可能快的运行速度。这种配置相比发行版本要占用较多的内存，以用于所有的调试符号。

二、组件化建模仿真平台插件开发

插件开发是指基于某一软件开发环境，在遵循平台技术体制的前提下，对平台相应功能插件进行的软件实现。下面以微软 VisualStudio2010 集成开发环境为例介绍平台插件的开发。

1. 项目配置

平台插件采用 Win32 DLL 工程项目，其项目配置内容如下：

(1) 通用配置

- 输出目标名称：区分调试版本和发行版本；
- 工程配置类型：插件类型为动态库；
- 字符集：采用双字节字符集；
- 其他保持缺省设置。

(2) C/C++配置

- 通用配置：附加头文件路径中设置使用的第三方库头文件路径以及平台框架工程的头文件路径；
- 预处理配置：预处理定义中设置插件导出库符号；
- 其他保持缺省设置。

(3) 链接设置

- 通用配置：附加库文件路径中设置使用的第三方库文件路径以及平台框架工程的库文件路径；
- 其他保持缺省设置。

2. 代码设计

平台插件代码设计主要包括插件预处理头文件定义、导出符号定义、导出库定义、版本定义、接口实现以及插件动态库导出接口实现等。

- 插件预处理头文件定义：为降低文件包含复杂度，提高编译效率，将插件需要对外的头文件进行集中定义；

• 导出符号定义:以动态库导出或导入关键字来标志插件中须对外提供功能服务的类或公共全局函数;

• 导出库定义:依据编译器配置对插件动态库的导出库进行定义;

• 版本定义:对插件的版本信息进行标志;

• 接口实现:依据插件功能设计,实现 IPlugin 接口和 ISystem 接口定义的各个功能接口;

• 插件动态库导出接口定义:实现平台加载和卸载插件动态库时的接口函数。

三、组件化建模仿真平台运行维护

运行维护是指在平台运行过程中为防止平台程序崩溃所采取的防护措施。主要介绍以下两种运行维护措施:异常处理措施以及内存管理措施。

(一) 异常处理措施

异常处理措施是指在平台运行过程中对各种错误信息以及意想不到的异常情况采取的应对处理措施,从而为写出简单而健壮的代码提供保证。

异常处理遵循下述方式工作:每当平台程序遇到非正常情况时,就会抛出一个异常。该异常使得平台程序跳到最近的一个异常处理模块,如果该模块没有这个异常的处理,程序会将栈中的代码取出,并且进入父函数继续寻找异常处理模块。在找到相应的异常处理模块之前,这种迭代方式会一直进行下去。如果迭代到栈的顶部时,还未找到对应的异常处理模块,此时程序会自动调用默认的异常处理代码。在异常处理模块中,可以针对具体的异常情况给出相应的解决方案,一旦异常处理模块完成了异常处理工作,程序将恢复正常并从此处而不是异常产生的地方继续执行。异常处理的优点在于不会产生凌乱的代码,而且非常灵活,可以针对不同的错误采取不同的处理方式。

在C++程序设计语言中，异常处理是通过try模块和catch模块来完成具体工作的。try模块负责监控异常。当异常产生时，会通过关键字throw抛出异常。catch模块负责捕获并处理异常。在平台程序中，产生异常的原因多种多样，这就需要针对不同的情况给出不同类型的异常处理方案。这可以通过设计一个具有层次结构的异常类来实现，通过将各个异常类排列在不同层次中，不但可以达到共享某些代码的目的，而且可以利用类的层次结构的优势来处理异常。

（二）内存管理措施

内存管理措施是指为防止平台程序在内存使用上出现内存碎片、悬指针、内存泄漏等情况而采取的防护措施。内存的分配与管理是平台底层的核心技术之一，能否高效地利用和管理内存直接关系着平台性能的优劣，是衡量平台性能的一项重要指标。下面结合C++程序设计语言，系统介绍层次性内存分配的概念和利用内存池对内存进行高效管理的方法。

1. 内存分配的空间

（1）栈分配

栈是一个有次序的空间，新元素一般追加在栈的顶部，出栈时按“后进先出”的原则进行。在程序运行期间，在限定范围内使用的对象在栈里创建就可以满足需要，如传递给函数的参数或者声明在函数内的局部变量都是在栈里创建的。但是当创建的对象并不是临时的或者它没有限定在一定使用范围之内时，就需要采用另一种分配方法——堆分配来为对象分配内存空间。

（2）堆分配

堆分配内存是通过使用运算符new或者malloc进行并分别通过delete或者free来释放。堆分配内存无任何次序可言，它没有任何规则限制。也正因如此，堆成了以下内存管理问题的源头：内存碎片、悬指针、内存泄漏等。

内存碎片是由于堆分配的性质而导致的。堆的原始状态是一块很大的、连续的内存区,不管请求有多大,堆都是同样对待,随着越来越多的、大小不一的内存被随机地分配和释放,也就导致了堆由一块连续的内存块演变为一块块的小片段,与此同时,还会有一定比例的没有被使用的内存分散在这些较小的碎片中。到最后,可能只是需要申请单个的内存,分配都会失败。失败的原因不是由于剩余的空间不够了,而是因为没有一块单独的空间能够满足这样大小的内存请求,这也就是所谓的内存碎片问题。

悬指针是指一个指针,它用来引用一个有效的特定区域,但是后来由于某种原因,该区域被释放了,而指针却没有及时地进行更新。此时即会产生悬指针现象,而此时试图通过该指针访问其指向的内容时,就会产生异常。

内存泄漏是指程序分配了一个内存块,但是使用后却未释放这个内存块,亦即没有将控制权返回给系统。随着程序的运行,内存的消耗会越来越大,内存碎片会越来越多,最终导致内存耗尽。或者如果系统使用了虚拟内存,就会迫使系统把内存倒入硬盘,这样会导致程序的运行速度严重变慢。

由于以上堆分配过程中出现的问题,因此必须对堆内存分配进行有效管理,从而高效地使用有限而又宝贵的内存资源。

2. 内存分配的方式

(1) 静态分配

静态分配是指在对象被创建之前提前为对象分配所需的固定大小的内存空间。这种分配方式有一个明显的优点就是可以避免产生内存碎片和潜在的内存用光的情况,这是由于所有对象都是被编译器静态分配的,在整个平台运行期间不会发生改变。另外一个优点就是静态对象的初始化非常直观,便于跟踪内存以及了解每一种数据类型使用了多少内存。但是此种分配方式的缺点也是很明显的;其一就是会导致内存的浪费。必须提前决定平台程序的每个方面需要使用多少内存。若一个仿真应用有许多仿真要素并且要素内容也需要动态更新,采用静态分配方式则必须对这些对象提前分配好空间,那么在内存的使用上将会造成很大的浪费。如若采用动态分配的方式，只有当需要时才分配内存，这将大大提高内存的使用效率。另外需要指出的是，提前预知一个仿真应用程序有多少仿真要素也是不可能的，那么提前为这些仿真要素分配内存空间也就无从谈起。其二，采用静态分配的对象只会提前被创建但并未进行初始化，这就意味着需要额外编写代码进行专门的对象初始化工作，以及在不释放对象的前提下多次关闭对象。动态分配对象则没有如此麻烦，它会在对象第一次构造的时候初始化，也会在销毁的时候调用析构函数关闭自己。

（2）动态分配

动态分配是指在程序运行过程中，根据需要实时地为对象分配内存空间。它只为当前程序需要提供内存空间，而对一些无用的废弃空间进行回收，这在仿真应用中有相当大的需求。采用此方式可以极大地增强内存使用的灵活性，但也正因如此而导致产生一系列诸如内存碎片、悬指针、内存泄漏等相关问题。

综上所述，静态内存分配避免了一些动态分配的缺点，但却丧失了内存使用的灵活性，而动态内存分配拥有了这种灵活性却导致了一系列问题的产生。既然静态分配和动态分配各有所长，那么集各自所长，将它们结合起来使用岂不是更好，即在仿真应用程序运行过程中不会改变的对象采用静态方式创建，其他一些会改变的对象动态创建。此种想法固然可行，但往往会带来更糟糕的问题。对那些动态创建的对象，不得不应对它带来的性能问题和碎片问题。而对那些静态分配的对象，还要保证这些对象有单独的初始化过程和关闭过程。于是，除非释放的过程是自动的，否则假如忘记了某个对象到底是静态分配的还是动态分配的，而又以错误的方式释放了它，这将导致更为严重的后果。

与混合这两种内存分配方式的办法相反，一个更好的办法就是仅仅采用动态内存分配，并对所引发的问题采用相关的技术进行克服，对性能敏感的内存分配使用内存池技术，这将极大地提高内存使用的效率，从而为仿真应用程序的运行提供一个更加安全、可靠的平台。

3. 内存管理器的设计与实现

一个功能全面的内存管理器不仅能够克服上面提到的内存碎片、悬指针、内存泄漏等问题，而且还能提供足够的内存使用信息，如某个内存块是由哪一部分代码创建的、什么时间创建的、这块内存有多大等原始的分配情况以及一个相对比较高层的情况，这种类型的内存情况报告在平台的开发中相当重要。下面就内存管理器涉及的关键技术进行具体分析。

(1) 运算符 new 和 delete

在请求一个内存分配时，每一个对象的创建都是从下述代码开始：

```
CUnit * pUnit = new CUnit();
```

而在编译时编译器会在内部替换为两个单独的调用，一是分配正确数量的内存，二是调用 CUnit 的构造函数，即

```
CUnit * pUnit = _new (sizeof (CUnit));
pUnit->CUnit( );
```

在大多数 new 运算符的标准实现里，全局运算符 new 仅仅是调用 malloc 函数。在此，调用序列并未结束，malloc 并不是一个原子操作，它将调用平台相关的内存分配函数在堆里分配正确数量的内存。通常，这将导致好几个函数的调用以及代价高昂的算法来查找合适的未被使用的内存块。全局运算符 delete 的处理流程与此相似，但是它调用的是析构函数和 free 函数。这样的分配过程根本无法对其进行控制，为了在分配过程中得到所需要的信息，往往需要重载运算符 new 和 delete。

(2) 全局运算符 new 和 delete

为了说明内存使用的偏好，首先创建一个类 Heap：

```
class Heap
{
public:
    Heap (const char * name);
    const char * GetName( ) const ;
private:
```

```
    char m_Name[NAMELENGTH];
};
```

另外,创建一结构体用于获取内存块的信息:

```
struct AllocHeader
{
    Heap * pHeap;
    int  nSize;
};
```

那么全局运算符 new 和 delete 代码如下:

```
void * operator new ( size_t size, Heap * pHeap )
{
    size_t      nRequestBytes = size + sizeof( AllocHeader );
char * pMem = (char) malloc( nRequestBytes );
    AllocHeader * pHeader = (AllocHeader * ) pMem;
    pHeader->pHeap = pHeap;
    pHeader->nSize = size;
    pHeap->AddAllocation( size );
    void * pStartMemBlock = pMem + sizeof( AllocHeader );
    return pStartMemBlock;
}
void operator delete( void * pMem )
{
     AllocHeader * pHeader = ( AllocHeader * ) (( char ) pMem - sizeof
(AllocHeader));
    PHeader->pHeap->RemoveAllocation( pHeader->nSize );
    free( pHeader );
}
```

现在,在任何时候都可以遍历所有的 Heap,打印出它们的名字,如每个 Heap 分配了几块内存、每块内存的大小、内存使用的高峰值等信息。

(3) 具体类的运算符 new 和 delete

使用具体类的 new 和 delete 运算符,可以使内存管理器的某些工作自动化。由于通常把一个类的所有对象放到一个特定的堆里,所以可以让类的 new 和 delete 运算符重载全局的 new 和 delete。以后在创建一个类的对象的时候,就会自动地放到正确的堆里。代码如下:

```
// Unit.h
class CUnit
{
public:
    static void * operator new( size_t size );
    static void operator delete( void * p, size_t size );
private:
    static Heap * s_pHeap;
};
//Unit.cpp
Heap * CUnit::s_pHeap = NULL;
void * CUnit::operator new( size_t size )
{
    if( NULL == s_pHeap )
    {
      s_pHeap = HeapFactory::Createheap( "Unit" );
    }
    return ::operator new( size, s_pHeap );
}
void CUnit::operator delete( void * p,size_t size )
{
    ::operator delete( p );
}
```

为避免敲错代码，同时出于代码简洁的考虑，可以采用宏的形式来完成同样的功能，那么上面的类将变为

```
//Unit.h
class CUnit
{
private:
DECLARE_HEAP;
};
//Unit.cpp
DEFINE_HEAP(CUnit, "Unit" );
```

这样，任何一个由父类派生出的新类都会有着和父类一样的 new 和 delete 运算符，除非子类又重载了 new 和 delete 运算符。新类像钩子一样“钩住”了内存管理系统，为平台中所有比较重要的类使用此项技术可以使平台在

内存的使用上保持较好的性能。

(4) 错误检查

出于内存管理器可能出现的错误以及内存误用的考虑,必须进行错误检查,以确保要释放的内存是由内存管理器分配的。在实现该功能时,只需为结构体 AllocHeader 添加一个特别的整数标示并为其取一个容易识别的值,而后在运算符 new 的代码实现中为其赋值并在运算符 delete 中进行检验即可。

(5) 遍历堆

为了检查内存的连续性,需要提供遍历一个堆的所有内存分配区域的功能,这样不仅可以搜集更多的信息,而且还能消除内存碎片。实现该功能需要为结构体 AllocHeader 添加两个分别指向下一个分配区域和前一个分配区域的指针,这样通过该双向链表就可以实现遍历整个堆。

(6) 内存泄漏检测

找出内存泄漏从原理上讲就是在某个时刻给内存的使用情况做个内存书签,过一段时间再做一个内存书签,通过遍历堆里所有已经分配的内存块,判断其地址是否在指定的内存起始地址和结束地址之间即可检测是否存在内存泄漏。

(7) 层次性的堆

把堆设计成具有层次性结构的一个突出优点就是便于管理同类对象并且易于了解其使用内存的情况。在设计时,一般采用树形结构,相同属性的对象有一个共同的父类,为每个对象分配的内存都处于父类所在的内存堆中。

(8) 内存池

到目前为止,内存管理器已基本克服了堆分配过程中出现的问题,并且它还可以提供足够的内存使用信息,唯一需要的就是如何提高内存分配的性能问题。解决该问题的一个常用方法就是使用内存池技术。内存池是一块预先分配好的内存,其内存大小一定,可以在仿真程序运行时为对象分配一定数量的内存，一旦这些对象被程序释放，它们使用的内存并不归还给堆，而是归还给内存池。如再有内存分配请求的时候，内存池会直接返回已预先分配好的内存中的第一个未使用的块，这就避免了在查找未使用的内存堆上付出较高的代价。在仿真程序运行的过程中，使用内存池只需进行一次内存分配，这部分内存从不释放，这样做不仅可以避免出现内存碎片，而且还减少了堆内存分配的数量，从而可获得较好的性能。另外，使用内存池一个附带的好处就是可以一次性释放掉内存池中的所有对象，而无须调用它们的析构函数。

对于平台的内存分配与管理而言，利用内存管理器不仅可以获得使用内存的灵活性，而且可以极大地提高平台性能。

四、组件化建模仿真平台版本管理

版本管理是全面实行平台软件开发管理的基础，用以保证平台软件技术状态的一致性。平台软件的开发是一项技术高度密集、规模相当庞大的工作，需要一个软件技术团队进行良好的分工协作才能完成。在多人协作模式下的平台软件开发过程中，存在下述亟须解决的问题。

1. 平台软件代码一致性问题

平台软件的开发、维护和升级，往往是多人共同协作的过程。在此过程中，不同开发者对同一软件的不同部分同时做着修改，这种行为有时会出现彼此交叉的情况，导致代码出现不一致现象。比如，开发者在修改了某一公共函数的同时也修改了函数的调用接口，其他开发者未获知该变化仍在调用原来版本的函数，那么当整合时就会发生错误。另一种更为严重的情况是开发者决定废弃原有函数而另外编写新的函数，但却未删除原有函数，这种情况即使到最后的整合时也不会被发现。如果将这种一致性错误的纠正延迟到测试阶段，不仅会增加调试难度、增加调试人员和开发人员的负担，而且会极大降低开发效率。

2. 平台软件冗余问题

平台软件在各自开发者的开发环境中均有拷贝，并且同一开发者在不同开发的阶段也会保留当时的平台软件版本，这类似一种平台软件信息的冗余。随着时间的推移，开发者可能对各个版本之间的差异变得模糊不清，甚至弄错了平台软件的版本，这将对最终平台软件的整合带来诸多的麻烦和潜在的风险。

3. 平台软件代码安全问题

由于平台软件代码完全暴露于所有开发者，任何人都可以进行增加、修改、删除。除了会出现软件代码一致性问题之外，还会存在潜在的安全隐患问题。

4. 平台软件整合问题

在平台软件整合过程中，一般比较可靠的方法是使用文件比对工具来辅助完成，但这种整合方式存在可靠性以及整合效率低下的问题。

对平台软件进行版本管理可以有效地解决上述问题。事实上，对平台软件版本的管理实质上是对平台不同版本进行标志和跟踪的过程。进行平台版本标志的目的是便于对平台版本加以区分、检索和跟踪，以表明平台各个版本之间的关系。每一个版本均是平台的一个实例，在功能上和性能上与其他版本有所不同，或是修正、补充了前一版本的某些不足，或是增加新特性。因此，对平台进行版本管理将是一项非常重要的工作。平台版本管理不仅涉及版本操作控制如检入检出控制、版本分支和合并、版本历史记录等，还包括版本规划、版本监控、版本发布以及不同版本间的错误同步。目前，市面上的版本管理工具呈现出百家齐放的局面，如支持团队级开发的VisualSourceSafe、SVN以及支持企业级开发的CVS、Perforce、ClearCase等，具体的操作使用可参见专业的书籍介绍。

参考文献

[1] 总政治部、总后勤部、总装备部等.中国人民解放军军语[M]. 北京:军事科学出版社,2012,07.

[2] 覃征,邢剑宽,郑翔.Software Architecture[M]. 杭州:浙江大学出版社,2007,10.

[3] 陈欣.美军建模仿真对象模型体系框架研究[M].北京:军事科学出版社,2008,10.

[4] 曹裕华.作战实验理论与技术[M].北京:国防工业出版社,2013,06.

[5] 黄文清.作战仿真理论与技术[M].北京:国防工业出版社,2011,06.

[6] 柏彦奇.联邦式作战仿真[M].北京:国防大学出版社,2001,08.

[7] 高志年.作战模拟[M]. 北京:军事科学出版社,2012,11.

[8] 王勃.VR-Forces 开发[M]. 北京:国防工业出版社,2011,04.

[9] 张野鹏.作战仿真及其技术发展[M].北京:军事科学出版社,2002,11.

[10] 张野鹏.军用仿真模型控件技术[M].北京:解放军出版社,2004,04.

[11] 毕义明.军事建模与仿真[M].北京:国防工业出版社,2009,03.

[12] 徐瑞明.作战建模与仿真[M].北京:军事科学出版社,2012,05.

[13] 金伟新,肖田元,马亚平,谢宁. 联合作战仿真模型体系的设计[J].计算机仿真,2003,20(8).

[14] 王维平,周东祥,李群,朱一凡. 基于 MDA 的多层次框架式组合建模仿真方法研究[J]. 系统仿真学报,2007,19(19).
[15] 王燕. 军用建模与仿真标准化问题研究[J].军事运筹与系统工程,2011,25(3).
[16] 夏准,史慧敏,王秀娟. 基于组件技术的空军作战行动仿真模型库研究[C]//体系对抗与军事运筹研究.北京:军事谊文出版社,2011,06.
[17] 荀晓理,刘小荷,朱汉东. 基于 MDA 的作战仿真元模型研究[J]. 系统仿真学报,2009,21(10).
[18] 王积鹏. 信息化建设的顶层设计方法[J].中国电子科学研究院学报,2011,6(5).
[19] 胡小云,冯进. 陆军分队作战仿真模型结构描述规范设计[J].指挥控制与仿真,2010,32(1).
[20] 倪枫,王明哲,郭法滨,宋阿妮. 基于面向对象思想的 SoS 体系结构设计方法[J].系统工程与电子技术,2010,32(11).
[21] 余文广,王维平,李群,雷永林. 模型驱动的组件化 Agent 仿真模型开发方法[J].系统工程与电子技术,2011,33(8).
[22] 苏年乐,李群,王维平. 组件化仿真模型交互模式的并行化改造[J].系统工程与电子技术,2010,32(9).
[23] 郭宁. UML 及建模[M]. 北京:清华大学出版社,2007,01.
[24] 徐锋. UML2.0 实战[M]. 北京:人民邮电出版社,2007,08.
[25] 郭齐胜,董志明. 战场环境仿真[M]. 北京:国防工业出版社,2005.
[26] 叶劲峰. 游戏引擎架构[M].北京:电子工业出版社,2014.
[27] 王维平,李群,朱一凡,杨峰.柔性仿真原理与应用[M].长沙:国防科技大学出版社,2003,09.
[28] 曹占广. 面向服务架构的作战行动建模与仿真[M]. 北京:国防大学出版社,2012.
[29] 高升利,阎应军.装甲兵军事地形学[M]. 北京:国防大学出版社,2001.

图书在版编目(CIP)数据

组件化建模仿真平台设计研究 / 杜国红主编. —南京：南京大学出版社，2021.1
ISBN 978 - 7 - 305 - 23821 - 5

Ⅰ. ①组… Ⅱ. ①杜… Ⅲ. ①计算机仿真—系统建模 Ⅳ. ①TP391.92

中国版本图书馆 CIP 数据核字(2020)第 186549 号

出版发行 南京大学出版社
社　　址 南京市汉口路 22 号　　　邮　编 210093
出 版 人 金鑫荣

书　　名 组件化建模仿真平台设计研究
主　　编 杜国红
责任编辑 黄隽翀　　编辑热线 025 - 83593962

照　　排 南京紫藤制版印务中心
印　　刷 江苏凤凰数码印务有限公司
开　　本 787×960 1/16 印张 12 字数 281 千
版　　次 2021 年 1 月第 1 版 2021 年 1 月第 1 次印刷
ISBN 978 - 7 - 305 - 23821 - 5
定　　价 78.00 元

网　　址：http://www.njupco.com
官方微博：http://weibo.com/njupco
官方微信：njupress
销售咨询热线：(025)83594756